展示各国经典武器　世界兵器大观　赏析最新装备雄姿

AND WORLD WEAPON　W A R S H I P

★海战中坚★

军舰

吕辉◎编著

中国社会出版社
国家一级出版社★全国百佳图书出版单位

图书在版编目（CIP）数据

海战中坚：军舰 / 吕辉编著. —北京：中国社会出版社，2013.12
ISBN 978-7-5087-4599-2

Ⅰ. ①海…　Ⅱ. ①吕…　Ⅲ. ①军用船—世界—普及读物
Ⅳ. ① E925.6-49

中国版本图书馆 CIP 数据核字 (2013) 第 273239 号

书　　名：海战中坚：军舰
编 著 者：吕　辉
责任编辑：侯　钰

出版发行：中国社会出版社　邮政编码：100032
通联方式：北京市西城区二龙路甲 33 号
编 辑 部：（010）66080360
邮 购 部：（010）66081078
销 售 部：（010）66080300（010）66085300　传真：（010）66051713
（010）66083600（010）66080880　传真：（010）66080880

网　　址：www.shcbs.com.cn
经　　销：各地新华书店

印刷装订：北京威远印刷有限公司
开　　本：162mm×230mm 1/16
印　　张：10
字　　数：200 千字
版　　次：2014 年 5 月第 1 版
印　　次：2014 年 5 月第 1 次印刷
定　　价：29.80 元

前言

海洋约占地球表面积的71%，在人类的经济和社会发展方面发挥着至关重要的作用。海洋不仅是生命的摇篮，还起着调控全球气候的作用。除此之外，海洋还是交通要道、资源宝库，以及认识宇宙、发展自然科学理论的理想试验场。同时，海洋还是国防前哨，海洋环境对海上军事活动有很大影响。

“谁控制了海洋，谁就控制了世界。”几百年来，无论是葡萄牙、西班牙，还是荷兰、英国，乃至今天的美国在世界上的优势力量都是以海权方面的绝对优势为基础。古希腊强大的舰队成就了希腊的繁荣，无敌舰队满足了西班牙皇室的奢华，而英国皇家海军维系了日不落帝国曾经的辉煌，

在世界战争史上，海战的历史可谓源远流长，从最初的小型木制战船，发展到今天能够覆盖到空中、水面、水下的各个领域，一次又一次革命性的进步，使海军的武器装备也有了极大的飞跃。

本书重点介绍了巡洋舰、驱逐舰及护卫舰的发展历史、性能特点和作战应用，并且列举了世界各国大量现役和在研的巡洋舰、驱逐舰和护卫舰。阐述了它们携带的舰载电子信息设备、舰载导弹、舰载飞机的基本原理和发展状况，揭示了它们独特的技术特性，另外还分析了它们在未来的发展趋势。

现在的海军装备不但包括舰艇、飞机、导弹、水雷、鱼雷及两栖车辆等战斗装备，而且还包括通信、导航、侦察、雷达、声呐、电子对抗、动力、机电等技术装备及应用装备。总之，驱逐舰、护卫舰成为水面战斗舰艇的发展主流，航空母舰则是引领世界海军前进的“战场宠儿”。

目录 Contents

第 4 章 海洋卫士——护卫舰

第1章　海战中坚——军舰

军舰的发展，历经了数千年的时间，从桨帆船的冷兵器时代发展到以航空母舰为代表的核武器时代。在此，我们不得不感叹人类的无限智慧。军舰的造船材料从木质到铁壳再到钢铁装甲，动力从人工划桨和风帆动力发展到蒸汽轮机和核动力，武器装备则从冷兵器到火器终至核武器。战斗方式的变化，从最早的撞击、接舷白刃战，发展到舰炮、鱼雷攻击，现在的军舰则使用导弹来进行超视距攻击，军舰之间的战斗已经不再是面对面的形式。航空母舰的出现与发展则让海上战斗的形式发生了根本性的变化：现代海战已经从水面变成水下、水面、空间的三维立体战争。

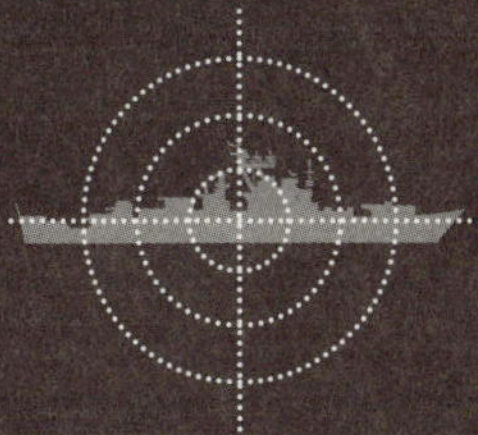

第1节　发展历史

我们对飞机历史的了解远远多于对船舶历史的了解，这种现实令人感到惊奇，因为船舶实际上拥有更久远的历史。与飞机在空中穿行100多年的历史相比，第一条船被送入大海发生于数千年以前。事实的确如此，船的历史可以追溯到有记录的历史以前。虽然史前地球上各个地方的船有各自不同的发展方式，考古学家相信所有现代的船舶都源自于早期的4种船：筏子、皮艇、树皮艇和独木舟。

一、从原始的船只说起

1.筏子

没有人知道是谁在何时何地制成了世界上第一条船，但在很久以前，人们就已经坐在圆木和筏子上顺流而下。人们看到了木头漂浮在水面上的情景，造船的想法可能就由此产生。第一条船可能是用圆木制成的，但更有可能它仅仅是绑在一起的一捆芦苇。

筏子是如此简单，不利用工具就可以制造出来，因此史前人类就能够大量建造。根据阿基米德原理，其他各种类型的船都可以利用自身的船壳通过重力排水来获取浮力。筏子与此不同，用来造船的圆木（或者其他材料）本身的自然浮力就可以使它漂浮在水面上。

筏子可以很容易地快速制成，但它有一个很大的缺点：和其他具有造船壳的小船不同，筏子无法在海上提供一丝一毫的保护作用。波浪可以越过筏子的表面，把所有的乘客和货物弄湿。因为筏子没有像其他船只那样可以向特定方向移动的外形，它只能随着洋流的方向漂流。然而，正如挪威探险家索尔·海耶达尔在20世纪40年代证明的那样，筏子也可以航行很长的距离穿过大洋。

2.皮艇

古人发现，他们可以通过把动物的皮革覆盖在简单的木质或骨制框架上来制造另外一种小艇。皮艇可能是由猎人们发明的，他们发现了一种巧妙地利用被捕获猎物无法食用部分的方法。在所有轻型水上交通工具中，皮艇对于海上航行来说太脆弱了，利用皮艇运载一两个人沿河而行却十分理想，对于古代猎人而言，它也是一种很好的渔船。

在世界上的一些地方，制造皮艇仍然在沿用几千年流传下来的传统技术。一个很好的例子就是因纽特人制造的皮艇“卡艾克”。因纽特人把伸展开的海豹皮覆盖在木质或是鲸鱼骨制成的框架上，然后他们利用动物脂肪来进行防水处理。出于高速捕猎的需要，皮艇的船头和船尾被设计

你知道吗

皮艇起源于北美洲格陵兰岛上爱斯基摩人用动物皮包在木架子上制作的兽皮船。1865年，苏格兰的麦克格雷戈仿兽皮船制成了1条长4米、宽75厘米、重30千克的“诺布·诺依”号皮艇，驾艇穿越了瑞典、芬兰、德国、英国。19世纪90年代在欧洲得到广泛发展。

▲上为中国兰州羊皮艇

▼下为传统爱斯基摩人的兽皮艇

▲传统爱斯基摩人的兽皮艇

得十分圆滑，它能够承载一到两个人。木架蒙皮船“乌米艾克”是皮艇被设计得更加圆滑的一种款式，它们被女人们用来运输货物。其他被广泛使用的普通皮艇还有威尔士的小圆舟。小圆舟的形状就像是一个圆圆的饭碗，它可以随意旋转并用船桨向任意方向划行。“凯法”是另外一种圆形的皮艇，它最大可以达到5.5米宽，最多可以运载20名乘客。在现今伊拉克的幼发拉底河和底格里斯河流域，这种皮艇仍然得以广泛地使用，它的历史也同样有数千年。

3.树皮艇

树皮艇与皮艇的设计相类似，但是树皮相对大多数动物皮革来讲更厚也更加难于被展开。树皮一长条一长条地被从树干上割下来，利用树根制成的纤维将它们缝合在一起就可以形成船壳，然后人们在船壳内部用轻质木料搭成船的内部骨架。皮艇主要利用内部的骨架来承受外力，而树皮艇大部分的外力是由处于表面的树皮来承受的。皮艇在建造中首先完成框架，然后将展开的动物皮覆盖其上；而树皮艇首先利用树皮构成其外部形状，最后才制造内部的骨架。但是，皮艇和树皮艇都太脆弱了，它们仅仅适合于在平静的内河航行。这两种小艇面临的最大问题是动物皮或树皮破裂所形成的孔隙，它们可以使小艇很快充满水而沉没。许多不同种类的树皮都可以用来制造这种小艇，然而在欧洲和北美地区，桦树皮应用得最为广泛。在太平洋西北部，用桦树皮制成的小艇可以达到14米长。

▲树皮艇

4.独木舟

正如名字所指出的那样，把一棵倒在地上的树的树干挖空，人们就制成了一条长长的树船。

▲独木舟

船头和船尾会被削尖以加快在水中的航行速度。独木舟在欧洲被广泛使用有1万年以上的历史。考古学家已经发现了许多埋在水中或河流附近的独木舟的残骸，它们用硬木制成，所以它们比其他类型的小艇保存得更加完好。

从某种意义上讲，独木舟可以被认为是早期船舶的极致。独木舟的坚固性把它们和脆弱的皮艇区分开来。虽然木筏也可以建造得十分坚固，但独木舟的形状使它更为实用，尤其是在恶劣的海洋中，独木舟驾驶起来也十分便利。最重要的一点：通过在顶部添加一些额外的木料，独木舟可以被改造成为其他更加复杂的运输工具。独木舟的原理随后得到广泛使用，它可以被认为是现代舰艇设计的雏形。

二、早期帆船时代

早期的军舰都是通过人力划桨的形式来产生动力，这样的军舰行动比较迟缓，机动性不强，既耗费人力又非常占空间，一艘军舰往往需要几十个人同时划桨，而那时的军舰最多也不过能装载百余人。

在水上航行经常会遇到比较强的风，人们发现当船的航行方向与风向一致时，划船就会变得非常省力，逆风时则非常费力。通过这个现象，人们开始思考

▲罗马双排战桨战船

▲郑和宝船模型

你知道吗

据《明史》《郑和传》记载，郑和航海宝船共63艘，最大的长四十四丈四尺，宽十八丈，是当时世界上最大的海船，折合现今长度为151.18米，宽61.6米。船有四层，船上9桅可挂12张帆，锚重有几千斤，要动用200人才能起航，一艘船可容纳上千人。

如何利用风的力量来代替人力推动船只，于是人们发明了帆。

帆的出现让船舶的航行速度和机动性得到了跨越性的提高，也让海上战争得以飞速地发展，特别是在西方，在很多影片中我们都可以看到各式各样的帆船之间展开的海战。

火炮装备到战船之后，海战的方式由双方战船接舷士兵跳帮搏杀，转变到排开阵式，拉开距离，双方展开炮战。那些吨位大、火炮多的战船排入战列线作战，这类主力舰就叫作战列舰。而那些吨位仅次于战列舰、速度快、火炮不多的战舰，则担当起巡逻、警戒、侦察、护卫等任务。这些快速帆船可以说是巡洋舰的始祖。

这类快速帆船一般装备40～50门炮，是单层甲板，也有的是二层甲板，木质船壳，3根桅，在当时称为三桅炮舰。

早期的战列舰编队，没有雷达，也没有无线电，只靠视距有限的望远镜观察。为了获取敌方舰队的情报，就需派出速度快、机动灵活又有一定火力的战舰外出巡逻侦察，发现敌情后，快速返回本舰队报告。英国的海军名将纳尔逊，把快速帆船称为“舰队的眼睛”。在海战中，纳尔逊十分重视发挥快速帆船的作用。在1798年5月底的埃及战役中，纳尔逊率领13艘战列舰绕过科西嘉岛，驶往意大利海岸，搜索法国舰队。在此之前，因遇到8级大风，他的3艘三桅炮舰被大风吹得七零八落，不能随编队行动。纳尔逊为缺乏三桅炮舰而深感遗憾。因为没有三桅炮舰，他的搜索和侦察活动遇到几乎无法克服的困难。

由于快速帆船——三桅炮舰在编队活动中，有着举足轻重的作用。所以英国皇家海军在发展

你知道吗

三桅炮舰用途广泛，除了担负侦察任务外，还执行袭击商船队、快速运输、送信、到外国港口炫耀武力等任务。在舰队交战时，它们通常位于不交战的一侧发信号，或拖走被击伤而失去战斗力的战舰。

▲三桅炮舰模型

▼帆船战舰

▲美国的“宪法”号帆船护卫舰

战列舰的同时，也大力建造快速帆船。到了1812年，英国皇家海军服役的快速帆船有112艘，战列舰124艘。

当时，英国皇家海军按战舰上装备的火炮数量，把全部战舰分为6个等级。第一级：90门炮以上；第二级：80～90门；第三级：50～80门；第四级：38～50门；第五级：18～38门；第六级：18门炮以下。前三级属战列舰，第四级即为快速帆船，最后两级是一般的小型护卫舰和护航舰。像英国的“马其顿”号快速帆船，装备38门炮，排水量为1325吨，舰长48米（158英尺），舰上的军官和士兵共301人。

美国海军也十分看重快速帆船的作用。在18世纪末期，美国的海上贸易受到英法等国的制约，英国政府针对美国实施航海条例发布枢密院令，禁止美国人从事获利甚丰的英属西印度群岛的海上贸易。另外，美国的商船常常遭到北非沿海国家海盗的劫掠。为了保护海上贸易，初创的美国海军大力建造快速帆船，用以巡洋护航，打击北非的私掠船。

1797年，美国下水了装备44门炮的快速帆船“宪法”号、“美国”号和“总统”号等舰。这些舰速度很快，炮火也强，对于那些私掠船，能够追上一艘击败一艘。“美国”号的排水量为1576吨，舰长53.2米，舰员478名。

有了新型快速帆船后，美国海军组成分舰队，到北非沿岸国家炫耀武力，打击专门劫掠美国商船的北非私掠船，并封锁了的黎波里港。

1812年，日渐壮大的美国海军快速帆船队同英国皇家海军快速帆船队交战。美国的“黄蜂”号击败了英国双桅帆船“欢乐”号；“美国”号在英舰“马其顿”号18磅重炮弹射程之外，从容发射10.9千克重炮弹，把“马其顿”号舰体打得千疮百孔，打掉了后桅，炸毁了许多炮，“马其顿”号只得投降，编入美国海军。这年12月，美国的“宪法”号又打得英国“爪哇”号投降。

美国人为自己的一连串胜利而欢欣鼓舞。国会在为胜利者大批授勋之后，又热情洋溢地投票决定拨款，再建造6艘三桅炮舰和4艘战列舰。

海上贸易战，又一次显示了快速帆船的威力，为其发展带来了契机。

三、崭露头角的蒸汽铁甲舰

1765年，英国人詹姆斯·瓦特发明了蒸汽机。从蒸汽机诞生之日起，作为一种推进动力，必然与需要动力才能航行的舰船联系到一起。于是，人们反复地实验，期望它能够取代帆桅。19世纪初期，人们一直尝试将蒸汽机作为舰船的推进动力。

1807年，美国人罗伯特·富尔顿设计的有名的“克莱蒙特”号蒸汽船下水。

▲“克莱蒙特”号蒸汽船

▲罗伯特·富尔顿

你知道吗

明轮船是指在船的两侧安装轮子的一种船，由于轮子的一部分露在水面上边，因此被称为明轮船。最开始的蒸汽机船是用明轮推进的。

“克莱蒙特”号船长40.5米（133英尺）、宽4米（13英尺）。富尔顿的发动机是很简单的，有一个长约6.1米（20英尺）的铜板制作的锅炉，它所产生的蒸汽进入一个单独的汽缸，一个活塞将汽缸里的推力传给船边的两个明轮，每个轮子直径为4.6米（15英尺），每个轮子安装有8个明轮翼，每个1.2米（4英尺）长。这种高大的轮子安装在船舷边，暴露在明处，极容易遭炮火击毁。“克莱蒙特”14.7千瓦（20马力）的发动机可以带动船，每小时行驶8千米（5英里）。“克莱蒙特”的燃料是木头和煤。它第一次从纽约航行到奥尔巴尼只用了32小时，而单桅帆船要用4天时间。

第一艘横渡大洋的蒸汽船是“萨凡纳”号。1819年5月，它用29天时间从佐治亚州的萨凡纳航行到英格兰的利物浦。它是由美国人摩西·罗杰斯建造的。这艘船长29.9米（98英尺），比富尔顿的“克莱蒙特”短很多，但是宽度是它的两

▲“萨凡纳”号蒸汽机船

▲鸦片战争时期的西方蒸汽机风帆双动力炮舰，此舰为法军“拿破仑”号

倍，它使用的是一台66.2千瓦（90马力）的发动机，靠煤和木头作燃料。

当一艘艘轮船冒着浓烟，拉响汽笛，喷着一团团的蒸汽起航，尽管气势颇为壮观，但实际上它们一次只能在海上停留几周时间。因此在19世纪，海军舰队仍然在继续使用船帆作动力，这并不是因为他们观念保守，拒绝接受新生事物，只因蒸汽船装一次燃料只能航行数百英里，而帆船能数月不进港，不需要定时靠岸添加燃料，可以长时间在外维护海上治安，同时航行数千里。

然而，随着蒸汽机的不断改良，人们逐渐发现了它的诸多优点。比如，与木制风帆战列舰相比，蒸汽战列舰具有不受风向和海流制约的优势，从而大大提高了航速，在战斗中可以自由进行战术机动。但是，由于早期的蒸汽战列舰需要消耗大量的木头和煤，航行距离受到很大限制，往往航行不到100海里就耗尽了燃料，再加上当时的人们对蒸汽机的功能还不放心，所以，风帆仍未废除，蒸汽机只在无风的情况下或出入港口时才使用。

到了1829年，奥地利人约瑟夫·莱塞尔发明了可用于船舶的螺旋桨，并由瑞士工程师约翰·埃里克森等人进行了改进。螺旋桨的出现，使蒸汽机能够装置于

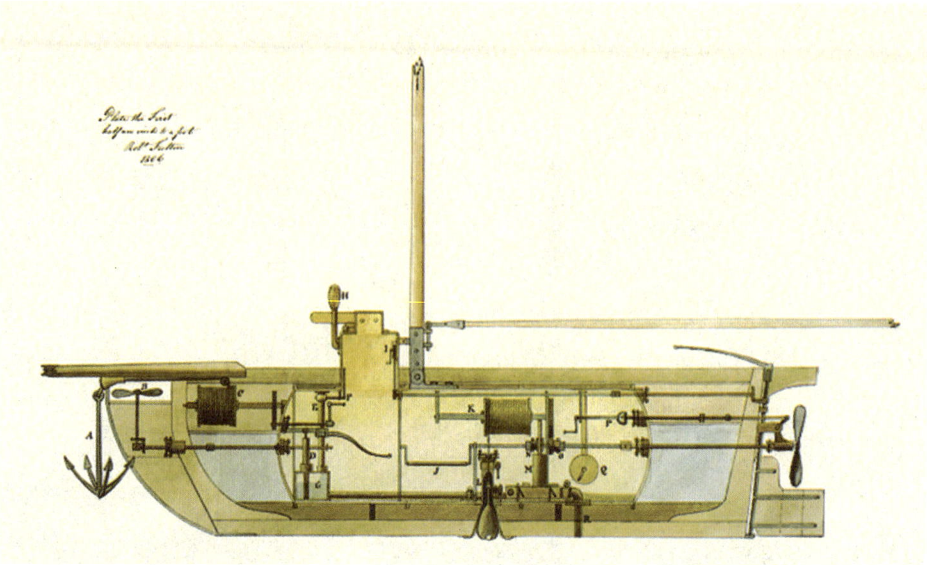

▲早期的螺旋桨推进示意图

▲约翰·埃里克森

舰船吃水线以下的舱室里。然而，螺旋桨在诞生后相当长的一段时间内，其优点并没有被人们普遍认识到，一些造船工程师仍在新造的船上安装明轮。

1842年，美国建造了第一艘海军螺旋桨蒸汽船，这就是轻巡洋舰“普林斯顿”号。它也是第一艘把蒸汽机置于水线以下而炮火无法击中的战舰。19世纪50年代，美国有一批“梅里麦克”级快速螺旋桨三桅炮舰下水，这些三桅炮舰在不久后的美国内战中发挥了重要作用。

1845年，英国海军组织了一场有趣的比赛。当时，参赛选手是一艘用螺旋桨推进的“响尾蛇”号巡洋舰和一艘用明轮推进的“爱里克托”号蒸汽轮船，人们把这两艘动力相当的大船的尾部系在同一根钢缆上。比赛开始后，两船都开足马力，驶向相反的方向。刚开始，二者势均力敌，谁也拉不动谁，但是不久，形势就发生了变化，螺旋桨推进的“响尾蛇”号巡洋舰占了上风，把装有明轮推进器的“爱里克托”号蒸汽机轮船拉了过来！自此，螺旋桨的优势完全展现出来。于是，英国海军开始逐步把本国的快速帆船改装成蒸汽动力和螺旋桨战船。

高爆炸药的出现，大大增强了火炮穿透力和爆炸力。由于木质的战舰抵抗不了这种火炮的打击，于是，铁甲战舰的研制便越来越受到重视。

铁甲舰最早是由法国炮术专家贝桑将军首先提出来的。他认为，面对破甲弹的水平射击，可以考虑在战列舰上覆盖一层180毫米～200毫米的铁装甲。

1849年，法国建造出世界第一艘以蒸汽机为辅助动力装置的战列舰——“拿破仑”号，成为海军蒸汽动力战列舰的先驱。1853—1856年的克里米亚战争，奠定了蒸汽装甲战列舰在近代海军舰队中举足轻重的统治地位。1859年，法国建造了排水量5630吨的“光荣”号战列舰。1860年，英国建造了排水量9137吨的“勇士”号战列舰。这两艘军舰外面包覆铁质装甲，被视作世界上最初的两艘蒸汽装甲舰。

▲1853—1856 年克里米亚战争中法国炮击金伯尔尼时使用的浅水炮舰

美国的南北战争极大地推动了美国铁甲

▲英国第一铁甲舰——“勇士”号铁甲舰

▲美国“开罗”号铁甲舰

▲1862年3月9日，汉普顿海战发生于美国南北战争期间，是第一次近代意义的海上炮战。双方为率先采用密闭回旋炮塔的北方“联邦莫尼特”号(右)，与南方邦联的“弗吉尼亚”号(左)。

巡洋舰的发展。1862年，南军改装了北军的螺旋桨蒸汽机三桅炮舰“梅里麦克”号，并重新命名为“弗吉尼亚”号，以争取海上的主动权。南军去掉了“梅里麦克”号的舰身吃水线以上的部分，在舰中部装设了矮而平的炮台，并用50多厘米厚的木板作壁，外包厚铁板。改装后的“弗吉尼亚”号在同年的一场海战中，挡住了北军猛烈的炮火，整个舰身完好无损。不过，北军也有准备，他们精心设计制造了新式装甲舰“莫尼特”号。“莫尼特”号的舰身仅有50厘米露出水面，船舷吃水线以上包着5层2.5毫米厚的铁板，甲板上也包上铁皮，有一个铁筒状的用8层2.5毫米厚的铁板包着的旋转炮台设在甲板中央。“弗吉尼亚”号与“莫尼特”号的交战，是海战史上铁甲巡洋舰的第一次交战。

1873年，英国建成“蹂躏”号战列舰，该舰已废除使用风帆的传统，成为世界海军史上第一艘纯蒸汽动力战列舰。到19世纪70年代，世界各海军强国的蒸汽装甲战列舰已达到较高的水平。蒸汽机不仅为军舰提供了推进动力，而且蒸汽还被用于操纵舵系统、锚泊系统、转动装甲系统、装填弹药、抽水及升降舰载小艇等。大型蒸汽装甲战列舰的排水量达到8000吨~9000吨，推进功率达到6000匹~8000匹马力。这时的战列舰在主甲板的中央轴线上或者舰体两侧装配了能做360度全向旋转的装甲炮塔，它可以根据需要向各个方面开炮，这使舰炮的数量可一下子减少一半。舰炮也都普遍采用了螺旋膛线，攻击力进一步增强。

▲“蹂躏”号战列舰

1906年，英国制造的以汽轮机为主机，装有5座双联装炮塔的装甲舰“无畏”号战舰下水了，它标志着现代军舰朝代的开始。

▲“无畏”号装甲舰

第2节　现代军舰

军舰俗称舰艇，又称海军舰艇，是指有武器装备、能在海洋中执行战斗任务的海军船只，它是海军的主要装备。舰艇主要用途是在海上机动作战，进行战略核突袭，保护己方或破坏敌方的海上交通线，进行封锁或反封锁，参加登陆或抗登陆作战，以及担负后勤保障工作，如海上补给、运输、修理、救生、医疗、侦察、调查、测量、工程和试验等。

一、现代军舰的特征

军舰的特征十分显著，要想很好地将军舰和民用舰船进行区别，则可以从以下三个方面去识别。

第一，军舰上装备有武器。

战斗舰艇上装备的武器有飞机、舰炮、鱼雷、水雷和深水炸弹；辅助战斗舰艇一般都装备有自卫用的武器，如单装或联装的重机枪、小口径高射速火炮等。

第二，军舰舰体上的油漆与民用船舶的油漆相比较是不相同的。

海军军舰外表一般都被漆成蓝灰色的油漆，陆军军舰的外表一般被漆上草绿色油漆。在海军舰艉悬挂上海军旗或国旗，战斗舰艇舰艉一般挂海军旗，辅助战斗舰艇舰艉挂国旗。

第三，军舰的桅杆上装有各式各样用于作战的无线电、雷达、敌我识别器等多种电子装备的天线。

二、现代军舰的分类

军舰中战斗舰艇种类极其多，一般可以分为战斗舰艇和辅助舰艇两大类。

战斗舰艇又可以分为水上舰艇和水下潜艇两大类。水上舰艇包括航空母舰、战列舰、巡洋舰、驱逐舰、护卫舰、护卫艇、鱼雷艇、导弹艇、猎潜艇、扫布雷舰、登陆舰、两栖攻击舰等。水下潜艇常包括攻击型潜艇和战略型潜艇等。

辅助舰艇常常又被称为勤务舰艇，主要的目的是用于战斗保障、技术保障和

▲美国“密苏里”号战舰

后勤保障。它一般包括军事运输舰船、航行补给舰船、维修供应舰船、医院船、防险救生船、试验船、通信船、训练船、侦察船等。

三、现代军舰的构成

1.军舰的武器

（1）舰炮

舰炮是现代海军最古老的舰载武器，它曾是海军舰艇上最重要的主战兵器。第一次和第二次世界大战期间，舰炮是海战的主战兵器，通常为加农炮，配置的方式可以分成有炮塔或者是无炮塔，每一座炮塔配署的火炮数量有单装、双联装、三联装或四联装等不同门数。口径范围从20mm到历史上最大的460mm（日本大和级战列舰搭载的94式舰炮）不等。现代常见的舰炮口径有20mm、30mm、37mm、40mm、76mm、100mm、127mm、130mm等。

20世纪50年代以后，由科学技术的飞速发展，反舰导弹逐渐取代火炮的地位。反舰导弹的出现以及舰空导弹和巡航导弹等精确制导武器的大量应用，彻底

▲美国海军最新式 Mk110 式 57 毫米舰炮

▲“依阿华”号战舰 16 英寸三联装舰炮齐射

改变了原来军舰厚甲重炮的面貌，但在经过了众多次的实战检验之后，舰炮仍然不可替代，只是口径和作用有别于以往。

在掌握制空和制海权下，大口径舰炮仍能对岸岛上的军事目标进行了猛烈的轰击，摧毁敌军的岸炮阵地、雷达站、指挥所等军事目标。和平时期，舰炮可执行低烈度作战。舰艇在执行巡逻警戒与反海盗任务时，对可疑的船只，舰炮可实施警告射击。

现代舰炮的另一个重要任务是摧毁来袭的反舰导弹，担任军舰内线防御的主力。担任这一类任务的舰炮称为“近程防御武器系统”，其特点是在无人工协助下可以独立进行目标追踪并持续高速射击（每分钟数百到数千发），其中较有名的有美国的密集阵20mm近防武器系统和荷兰的守门员30mm近防武器系统等。

总而言之，虽然导弹的出现使舰炮的作用降为辅助性地位，但它仍将是现代水面舰艇上必不可少的武器。

（2）反舰导弹

反舰导弹是现代海战的主要武器之一，通常包括舰舰导弹、潜舰导弹、岸舰导弹和空舰导弹。反舰导弹常采用半穿甲爆破型战斗部，由固体火箭发动机为动力装置，采用自主式制导、自控飞行，当导弹进入目标区，导引头自动搜索、捕捉和攻击目标。反舰导弹多次用于现代战争，在现代海战中发挥了重要作用。

世界上最早的舰艇导弹是苏联于20世纪50年代中期装备军队的SS-N-1型导弹，它是可携带常规弹头或核弹头的大型舰舰导弹，核弹头当量为1000吨级，主要用于攻击航空母舰等大型水上目标。但大多数舰舰导弹是中小型的。1967年10月21日，埃及使用“蚊子”级导弹快艇发射苏制SS-N-2“冥河”式舰舰导弹，击沉了以色列“埃特拉”号驱逐舰。这是舰舰导弹击沉敌舰的首次战例。

现役反舰导弹比较有名的有美国的

▲“密集阵”近程防御系统

▲“鱼叉”反舰导弹发射

▲美国海军“捕鲸叉”反舰导弹发射筒

“捕鲸叉”、法国的“飞鱼”、德国的“鸬鹚”、以色列的“迦伯列”和俄罗斯的SS-N-22“日炙”等。

（3）巡航导弹

巡航导弹主要用于对严密设防区域的目标实施精确攻击，在陆地、船舰、空中或水下均可发射，是一种可以从敌防御火力圈外投射的纵深打击武器，既可作为战术武器，也可作为战略武器。它具有低空飞行、不易拦截、命中率高等特点。

1991年的海湾战争中，美国部署在波斯湾的各种舰艇向伊拉克的重要目标发射了数百枚“战斧”式巡航导弹，大都准确击中了目标。

（4）防空导弹

舰载防空导弹系统是现代舰船拦截空中目标的主要武器系统，最新发展趋势就是采用垂直发射方式。虽然采用垂直发射方式有时需要一台大助推器，但它有两大优点：一是消除了盲区；二是垂直发射装置不需要横向转动，可以达到快速发射的目的。

舰载防空导弹系统最初只是为了防御敌机的袭击，但随着反舰导弹的不断发展，现在必须要能够对付机动灵活的掠海飞行导弹。1991年2月25日，英国的

▲美国海军“海拉姆”近程防空导弹

42型格洛斯特驱逐舰用“海标枪”导弹成功地拦截了一枚伊拉克发射的岸舰导弹，从而揭开了舰空导弹对付反舰导弹的作战先例。而更加先进的如美国的“标准”–3导弹也是未来美国海军战区弹道导弹防御系统（NTW–TBMD）中的导弹组成部分。

（5）反潜导弹

反潜导弹是指从水面舰艇或潜艇发射的攻击潜艇的导弹，又称火箭助飞鱼雷，是一种靠空中飞行加快速度的鱼雷。其优点是先由火箭助推，增加速度和避开了水的阻力，后再潜入水中，攻击目标。火箭助飞鱼雷比鱼雷速度快、射程远、杀伤力高、下潜深度深、精确度也比较精准。

此外，舰艇根据执行任务的需要还可装备鱼雷、水雷和深水炸弹等武器。

2.动力装置

为保证船舶正常营运而设置的动力设备就是船舶动力装置，这是船舶的一个重要组成部分，主要指各种能量的产生、传递、消耗的全部机械、设备。船舶动力装置包括两个主要部分——主动力装置和辅助动力装置，主要用来保证船舶正常航行，人员正常生活，完成各种作业。

（1）主动力装置

主动力装置的主要目的是为船舶提供推进动力，因此，通常又可称为推进装置。主动力装置被誉为是全船的“心脏”，由此可见其重要性，它主要指保证船舶以一定速度的各种机械设备，主要包括主机、传动设备、轴系、推进器等。船舶的主机主要是驱动传动设备和轴系，使推进器能进行工作。而推进器在水中旋转时就能控制船舶前进或后退。

按主机的类型可以把主动力装置命名为蒸汽机、汽轮机、柴油机、燃气轮机和核动力装置这五大类。柴油机是现代运输船舶大量采用的主动力装置；以前起重要作用的蒸汽机迄今为止几乎全部被淘汰；大功率船舶一直在使用汽轮机，不过现在也开始逐渐使用柴油机；燃气轮机和核动力装置仅被极少船舶使用，属于试用阶段，未得到广泛推广。

蒸汽机动力装置

蒸汽机动力装置的优点是结构简单，造价低廉，管理使用方便，制造工艺要求比较低；缺点是热效率低，本身重量大，特别是大功率蒸汽机的活塞、连杆等运动部件运转惯性很大，难以保持平衡，且低压缸尺寸过大，无法获得有效的真空度。因此，自从汽轮机动力装置和柴油机动力装置在船上开始试用成功以后，蒸汽机动力装置就慢慢被淘汰。第二次世界大战期间，美国为应付战时紧急需要而建造的“自由轮”，是最后一批使用蒸汽机动力装置的远洋运输船舶。中国现在还有为数不多的沿海和内河船舶使用往复式多膨胀蒸汽机动力装置。

汽轮机动力装置

汽轮机的优点是单机功率大，使用可靠，运转平稳，无震动和噪声，检修工作量小，锅炉可使用劣质油。但柴油机油耗比汽车轮机低，就算使用再热循环的汽轮机装置，每马力小时的油耗仍达180克～190克，比低速柴油机高40%左右。柴油机由于单机功率、燃烧劣质油的能力和可靠性的提高，所以渐渐代替了汽轮机。

柴油机动力装置

柴油机动力装置的最大优点是热效率高，燃料消耗明显低于蒸汽机动力装置。很长一段时间以来，柴油机动力装置有一系列改进，现代船用柴油机大部分为低速机，转速约每分钟100转，可直接驱动螺旋桨。80年代初，又出现了长冲程和超长冲程的低速机，每分钟转速降到70转以下,使螺旋桨发挥到极佳效率。但低速机外形尺寸和重量大。最近几年来，第二次世界大战后出现的大功率的中速机被渐渐应用于船上。它将气缸排列成“V”字形,采用减速齿轮，既使机身重量减轻了许多，又有利于提高螺旋桨效率。中速机由于机身短小，可以减少机舱的面积和高度，因此特别适用于尾机舱船和机舱位于甲板下的滚装船和载驳船等。经过长时间不断改进，柴油机动力装置已日渐完善，它的燃料消耗量最低，能使用廉价的渣油，可靠性较高，检修期间隔极长，可达3万小时以上，热效率接近50%，因此成为迄今为止应用最多的船舶动力装置。

联合动力装置

为满足军用舰艇的需要，将蒸汽、柴油、燃气三种动力一起使用，作为船舶的推进装置成为联合动力装置。联合动力装置有蒸燃联合型、柴燃联合型、全燃联合型等。这几种联合动力装置在商船上使用非常少。此外还有一种联合动力装置——电力推进装置。这种装置是船舶柴油机驱动发电机将电力产生并提供给船舶电站。

燃气轮机动力装置

在20世纪50年代，燃气轮机动力装置开始用于船舶。现在主要用于军用舰艇。燃气轮机同柴油机和汽轮机比较，单机功率大、体积小、重量轻、加速性能

▲美国“斯普鲁恩斯”级驱逐舰率先采用燃气轮机动力

好，能随时起动并用极短的时间发出最大功率。燃气轮机在高温、高压下工作，对燃油质量要求很高，热效率也比柴油机低许多，因此在民用运输船舶上应用得很少。只在一些气垫船上用于驱动空气螺旋桨。

核动力装置

核动力装置主要用于大型军舰和潜艇。美国1959年在客货船“萨凡那”号上试用功率2万马力核动力装置成功；苏联1960年在破冰船“列宁”号上采用核动力装置，功率4.4万马力。此后，联邦德国和日本也都建造了核动力商船。这些船在试航不长的时间之后，出于法律和民意上的原因而停驶。因为人们担心放射性物质污染航道、港口和城市环境，所以很多港口拒绝核动力船进港。对核燃料使用后的核废料也不能妥善处理，因此，这些民用核动力船都已改装为常规动力装置船。

（2）辅助动力装置

辅助动力装置主要是指用来提供除推进装置以外的各种能量，供船舶航行、作业和生活需要的装置。辅助动力装置主要包括为全船提供电力、照明和其他动力的装置。

船上最为重要的辅助动力装置是发电机组。蒸汽机船上的发电机组由蒸汽机驱动，容量较小，它的主要用途是用来提供照明。汽轮机船上的发电机组由汽轮机驱动，容量较大，能为全船的电气设备提供电源。由汽轮机驱动的发电机组的容量在500千瓦～2500千瓦之间，可以按需要自由选择。柴油机船上的发电机组由柴油机驱动，它的容量根据全船电动机械设备的数量确定，不过一般采用400伏三相交流电，频率有50赫兹和60赫兹两种。

在蒸汽机船和汽轮机船上供停泊时使用的是副锅炉，它是在柴油机船上供平时取暖和加热用的。柴油机船上副锅炉的燃料可以是燃油，也可以是柴油机排出的废气所产生的蒸汽。除发电机组和副锅炉外，由于现代船上液压机械设备的驱动需要，还设有液压动力装置，它的主要部件为液压油泵，可以用电动机或单独的柴油机驱动。

3.舰载雷达

德国1935年在“贝雷”号试验船上第一次进行舰载雷达试验，这是一种对海警戒雷达，当时对海上舰船的探测距离仅仅只有8000米。

世界上最早实用舰载雷达的是德国研制的“海上节拍”式对海警戒雷达，在1936年夏季，它首先装备在“格拉夫·斯佩”号重巡洋舰等3艘大型军舰上。

第二次世界大战期间，美、英、苏、日等国海军的部分舰艇（包括巡洋舰），先后装备了对空、对海警戒雷达，主要用于极早发现敌方飞机和舰艇，以保障及时和准确的攻击。

1941年3月28日在马塔藩角海战中，英国舰队由于装备了舰载雷达，可以在黑夜中探测到意大利舰队的方位，并取得了主动击沉意巡洋舰3艘、驱逐舰2艘的战斗结果。

从第二次世界大战末期到20世纪50年代，许多国家海军舰艇先后装备了炮瞄雷达、警戒雷达和导弹制导雷达。有些舰艇在20世纪60年代装备了三坐标雷达。这种雷达既能担负警戒任务，又可以给武器系统指出目标和对舰载机导航，成为舰艇作战指挥系统中的重要设备。许多国家的海军在70年代十分重视对电子干扰和掠海飞行反舰导弹的防御，都使用了频率捷变、单脉冲跟踪、脉冲压缩、动目标显示、脉冲多普勒、多目标跟踪、数字技术和光电技术等先进技术成果，陆续研制并装备了一些抗干扰性能十分好、具有探测低空飞机和掠海飞行反舰导弹能力的新型警戒雷达和跟踪雷达。

舰载雷达的发展方向为：发展多功能雷达，用来提高雷达效能，减少舰上雷达的数量；逐步提高抗干扰能力，从而抑制海浪杂波，克服低空多路径效

▲舰载雷达

▲英国 45 型“勇敢”级驱逐舰配备性能优异的“桑普森”相控阵雷达和 S1850M 远程雷达

▲美国“提康德罗加”级导弹巡洋舰上装载的 AN/SPY-1 相控阵雷达

应，改善低空探测和跟踪性能等。

美国“提康德罗加”级导弹巡洋舰上装载的AN/SPY-1相控阵雷达是现代先进舰载雷达的代表，它的反应速度快，主雷达从搜索方式转为跟踪方式仅需0.05秒，能有效地对付作掠海飞行的超音速反舰导弹；它的抗干扰性能也很强，可在严重电子干扰环境下正常工作；可以综合指挥舰上的各种武器，同时拦截来自空中、水面和水下的多个目标，还可对目标威胁进行自动评估，从而优先击毁对自身威胁最大的目标。

4.舰艇作战指挥系统

为适应现代海战的需要，舰艇作战指挥自动化系统应运而生，首先以大型军舰为装备对象发展起来的。第二次世界大战中出现的舰艇战斗情报中心，美国简称CIC，英国简称AIO，这个战斗情报中心是一个安装有基本靠手工操作的处理战术数据设备的舱室。

第二次世界大战后，由于作战指挥渐渐复杂，信息量庞大，时间非常短，用手工方法处理战术数据已无法处理，也无法适应现代海战指挥需要。因此出现了数字电子计算机，也为解决这个问题提供了技术手段。

1961年，美国首先在“马汉”号、“金”号驱逐舰和“奥里斯坎尼”号航空母舰上装备了海军战术数据系统。1964年，英国在“鹰”号航空母舰上也装备了战斗数据自动化系统。20世纪80年代，有很多国家的海军在各种型号的水面战斗舰艇和潜艇上，基本上都装备了作战指挥自动化系统。

舰艇的“大脑”是作战指挥系统，它主要有以下主要功能：

第一，通过数据链实现编队之间和编队各舰之间实时、自动地交换战术情报和信息。

把来自本舰的各种探测器和来自飞机、编队中其他舰、友邻部队及上级指挥部门的战术数据和情报信息进行快速处理、分析判断和存储显示。

第二，持续地将战术数据送到舰上指挥部门，综合显示特定的战术图像，标明目标特性，判断威胁程度，制定作战方案，辅助舰上指挥官和参谋人员进行指

▲舰艇信息化作战指挥系统

挥决策。

第三，进行空中交通管制，对舰载直升机进行引导，确保舰载直升机起飞、空中航行和着舰的安全。

第四，对本舰和编队中其他舰艇各种武器的射击控制和引导。

第五，辅助导航，向舰长和值更官提出战术或操舰最佳方案。

当本舰担当编队旗舰时，在全面了解编队的作战态势后，舰艇作战指挥系统将指挥编队所有舰只进行作战活动，形成整体的攻防体系。

5.舰载直升机

舰载直升机主要以单机或多机活跃在大洋上空，执行护航、反潜、反舰以及超视距引导等作战任务。它的飞行方式十分灵活，能自由改变飞行方向和飞行速度。舰载直升机的作战优势是：它比海上舰艇速度快，比陆上飞机“腿长”，比其他舰载飞机灵活。现在，世界各国海军越来越重视舰载直升机的研发。

从第一次世界大战到第二次世界大战，军舰一般用水上飞机进行侦察和校正本舰火炮的弹着点，装载水上飞机可以使军舰更好地完成搜索警戒任务。但是，由于军舰上的空间有限，没有专门机库，舰载的水上飞机只能摆放在甲板上，在战斗中，摆放在甲板上的水上飞机很容易中弹起火。除此之外，水上飞机使用起来也比较麻烦，起飞要有专用弹射器，回收要有专用的吊车，风浪大时也不能使用。

后来，随着直升机技术的成熟，舰载的水上飞机便逐渐被直升机所取代。舰载直升机不仅可以搭载在航空母舰这样的大型舰只上，还可以在巡洋舰、驱逐舰和护卫舰这样的中、小型舰艇上起落。舰载直升机能掠海飞行，执行护航、反潜、救护、反舰以及超视距引导等作战任务。于是，世界各国的军舰不仅全部装备了直升机，有的国家还建造了以直升机为主要武器的军舰。

舰载直升机最重要的任务就是反潜，它能在海面上空悬停，用吊放式声呐探测潜艇。安装了前视红外系统的舰载直升机的夜间反潜、反舰能力会大大提升。舰载直升机的速度很快，能在短时间内探测较大的海域，且机动性能好、反应快，能在潜艇上空进行突然性攻击，本身又不易被潜艇发现和攻击。除此之外，舰载直升机也是攻击水面舰艇的有力武器。

目前世界上比较先进的舰载直升机包括：美国的SH-60“海鹰”系列，装载在“提康德罗加”级导弹巡洋舰上；俄罗斯的“卡”-27系列，搭载在“基洛夫”级、“光荣”级导弹巡洋舰上。

第❷章　海洋巨鲸——巡洋舰

在军舰的家族中，巡洋舰位居“老三”，是仅次于航空母舰和战列舰的大型军舰之一。在战列舰主宰海洋的岁月里，巡洋舰甘当战列舰的“耳目”和“手足”。它速度快、装甲轻、巡航半径大，担负着侦察、巡逻、掩护战列舰行动、打击敌方舰船等任务。当航空母舰取代战列舰称霸海洋之后，巡洋舰又担任了航母的“卫士”，在编队中防空、反潜，还可以对舰、对陆地作战，是集多功能于一身、战斗力很强的水面战舰。

第1节　认识巡洋舰

巡洋舰是一种主要在远洋活动的大型水面舰艇，它火力强、用途多，具有较高的航速和适航性，即使是在恶劣气候条件下，也可以进行长时间的远洋作战。为航空母舰和战列舰护航，或者攻击敌方的水面舰艇、潜艇及岸上目标等，是巡洋舰的主要任务。

一、巡洋舰的分类

根据巡洋舰的排水量和所担负的任务可分为三种类型：重巡洋舰、轻巡洋舰和辅助巡洋舰。

重巡洋舰排水量1.7万吨以上，航速32节～34节，续航力达1万海里以上，具有良好的耐波性。重巡洋舰主炮有8门～9门，口径在203毫米以上，分别装在3座～4座炮塔中，射程20海里，可以用来消灭敌人的巡洋舰和其他中小型舰艇，也可以击毁岸上目标。还装备副炮10门~16门，口径在130毫米以下，还有数十门自动炮，

▲俄国“阿芙乐尔”号巡洋舰

用来抗击小型舰艇和飞机。有的重巡洋舰还装载3架~4架飞机，用来校正射击和侦察。重巡洋舰可协同战列舰、航空母舰作战，也可以组成巡洋舰编队作战。

轻巡洋舰排水量1万吨左右，航速35节，续航距离1万海里。主炮口径为152毫米，有6门~12门，用来消灭轻型舰艇和攻击陆上目标。有的轻巡洋舰主炮口径只有127毫米~133毫米，主要用来对空防御和对付轻型舰艇。轻巡洋舰上有8门~12门副炮，口径为88毫米~127毫米。还有几十门小口径自动炮，用来防空和对付小型舰艇。轻巡洋舰还有2座3联~5联装鱼雷发射器，分别装在两舷。还可携带水雷，进行布雷。有的轻巡洋舰上还携带2架~4架飞机，用于侦察。轻巡洋舰主要用于警戒己方的主力舰，防止敌方驱逐舰、鱼雷艇和飞机的冲击，消灭轻型战斗舰艇；也可以袭击敌海上交通线，对岸炮击、布雷、侦察等。

辅助巡洋舰，大多是由快速商船和辅助舰船改装而成。它的排水量从几千吨到上万吨，航速20节左右。舰上主要武器是舰炮，口径在152毫米以下，还有一定数量自动炮，用于防空。辅助巡洋舰主要用于护航，保护己方海上交通线。

进入现代，巡洋舰的武器装备发生了很大变化，功能亦向多样化方向发展。现代巡洋舰按排水量的不同，也可分为轻型导弹巡洋舰和重型导弹巡洋舰。按动力装置可分为常规动力巡洋舰和核动力巡洋舰。现代巡洋舰满载排水量在0.5万~3万吨，最大

▲美国“关岛”号大型巡洋舰

航速30节～35节。现代巡洋舰普遍装备有舰空导弹、舰舰导弹、反潜导弹和新型全自动中口径舰炮及多管小口径舰炮，配备有反潜直升机、鱼雷以及电子对抗和激光设备，装备舰艇指挥控制自动化系统。常规动力巡洋舰有燃气轮机和蒸汽机两种动力装置。核动力巡洋舰续航力可达15万海里。

二、巡洋舰的特点

尽管当代轻巡洋舰与大型驱逐舰的区别很不明显，但具体地分析一下，仍然可以看到现代巡洋舰的某些特点。

1.吨位大

巡洋舰的连续作战能力很强，它的适航性和续航能力也很高，这是由它担负的使命要求决定的。巡洋舰经常伴随航空母舰作战群远洋作战，有时候也作为海上舰艇编队的核心。因此，巡洋舰的排水量要比驱逐舰大，“基洛夫”级大型导弹巡洋舰的排水量就高达2.5万吨。

2.武备强

现代巡洋舰以导弹为主要配置，舰上的防空、反潜、反舰导弹系统都很齐全，这就使现代巡洋舰拥有了全面的海上作战能力和多目标打击能力。

▲美国“加利福尼亚”级核动力导弹巡洋舰

3.动力装置已向燃气轮机与核动力发展

第二次世界大战后，美国率先在巡洋舰上采用了核动力，但因使用费用高而放弃，改用燃气轮机动力装置，引领了船舶动力的新潮流。从装舰数量看，燃气轮机目前占有较大的优势。可以预测，几十年后，燃气轮机仍将是巡洋舰的主要动力。但核动力的无限续航力的优点非常适合巡洋舰这类大型远洋舰只，再考虑到能源短缺的因素，核动力巡洋舰的数量会有所增加。

4.动力、作战指挥和武器控制系统的高度自动化

目前在役的现代巡洋舰上已经实现了动力舱室的无人值班、作战指挥系统和武器控制计算机化；未来的发展趋势将是全舰各系统的自动化程度进一步提高，计算机系统将在更大程度上代替舰上人员的决策工作，从而实现对海上作战环境和作战态势的自动分析、目标的自选择和威胁分级以及武器系统的自主攻击，大幅度地减轻舰上人员的工作负担。因此，未来巡洋舰上的人员将大大减少。

科技发展的今天，技术先进的国家正致力于发展某些新概念舰载武器。新概念武器大量装舰使用，如高能激光、粒子束、大功率微波等定向能武器和电磁炮等。乐观地估计，20年后，会有少部分实用的电磁炮及激光炮装备在这些国家的巡洋舰上。

第2节　巡洋舰的发展

在早期，巡洋舰被称为护卫舰。帆船时期的护卫舰指的是体型较小、速度较快、可用作远距航行的、只有一层火炮甲板的轻装甲船只。护卫舰一般是用来巡逻、传递信件和破坏敌人的商船。当时的舰队主体是由比护卫舰大得多也慢得多的战列舰组成，护卫舰一般逃避这样的战舰，也不参加这样的战舰之间的舰队海战。后来，护卫舰发展成带有大炮的大船，也就是铁甲舰，而且也可以像战列舰一样作战。于是，护卫舰这个词的意义也就发生了变化，改称为巡洋舰。

一、空前大发展

20世纪初，世界海军强国崇尚马汉的“海权论”，认为谁的军舰造得大、炮口造得粗，谁便能称霸海洋、主宰世界；再加上迅猛发展的工业革命，为建造巨舰提供了技术保障。于是，各海军强国的战舰越造吨位越大、炮口越粗。主力舰逐渐大型化以后，为主力舰警戒、护航、侦察的巡洋舰，也开始向大型化、高速

▲日本“古鹰”型重巡洋舰

▲日本“鸟海”号重巡洋舰

度发展。这一时期巡洋舰的发展，有如下特点：

第一，继续发展大型化巡洋舰

华盛顿协定限制了战列舰建造的数量，导致了重型巡洋舰的发展。重巡洋舰主炮口径203毫米，排水量1万吨左右。当时称这种舰叫“条约型巡洋舰”。如日本的4艘“古鹰”型巡洋舰是世界最早的重巡洋舰，攻防力强，航速高，排水量与英国的“E”型、美国的“奥马哈”型大致相同。日本还建造了4艘“妙高”型和4艘“高雄”型。这8艘巡洋舰都属“条约型”巡洋舰，炮火、鱼雷火力强，航速快，有装甲防护，被认为是同时期各国重巡洋舰中最优秀的军舰。德国造了3艘装甲巡洋舰，也叫“袖珍战列舰”。当时，德国因是第一次世界大战的战败国，不仅受华盛顿协定限制，而且还受着凡尔赛和约的制约。为了对抗德国拥有新舰不得超过1万吨的条约限制，德国人在这3艘装甲巡洋舰上动了脑筋。由于使用铝、焊接和其他减少重量的办法，3艘舰的实际排水量为每艘1.2万吨，装备6门280毫米的火炮和许多小炮，航速可达26节～28节，有装甲防护。

第二，航速提高

这一时期建造的巡洋舰，普遍使用了高张力钢和轻金属，既保证舰体坚固又减轻了重量；电焊也取代了铆钉而被逐步广泛应用，从而改善了建造工艺；使用高温高压的蒸汽轮机和柴油机。这一系列的先进技术和设备的应用，提高了巡洋

▲美国“阿拉斯加”号重巡洋舰

舰的航速。像日本的“古鹰”型巡洋舰，在船体结构上，采用了比较小型的骨架，减少了钢板的厚度；采用了主机马力比较小的细长船体，成功地减轻了船壳重量；加上一部锅炉混烧煤炭，大大提高了航速，达到35.5节。美国的“阿拉斯加”号大型巡洋舰航速33节，英国的“奥罗拉”E型巡洋舰的航速也已达到33节，意大利建造了40节高速度的轻巡洋舰，把巡洋舰的航速提高到了顶点。

第三，装甲防护有所提高

第一次世界大战中，英国巡洋舰以减轻装甲换速度的教训，普遍引起了世界海军强国的重视，在这一时期建造的巡洋舰注重了装甲防护。如日本的“最上”型巡洋舰采取倾斜式舷侧装甲防护，并对水下鱼雷有防护能力。“古鹰”型巡洋舰舷侧和中甲板的装甲，使用高效率的嵌接接缝法，加强了船体纵向强度；另外还加强水线部分的装甲防护。日本的“高雄”型巡洋舰采用了防鱼雷纵隔壁，提高了水下部位的防护能力。英国和美国建造的巡洋舰也在船体的坚固性、侧舷装甲和水下装甲防护方面做了改进。

第四，攻防平衡

在第二次世界大战中，航空母舰开始登上“海洋霸主”的地位。在大力建造航空母舰的同时，也造了大批巡洋舰和驱逐舰。巡洋舰充当航空母舰“卫士”的角色。为了有效地防御来自飞机和潜艇的威胁，保护航空母舰编队的安全，这个时期建造的巡洋舰，加强了对空和对潜防御，出现了一批“攻守平衡”的巡洋舰。像美国的“巴尔的摩”、“得梅因”、“克利夫兰”、“伍斯特”号巡洋舰，在攻击和防卫能力上达到平衡。

在防空武器方面，雷达装上巡洋舰。雷达于1939年第二次世界大战爆发之前由英国人研制成功。雷达的出现，使巡洋舰及时侦测到来袭的敌机或舰艇，且不受夜晚或浓雾的限制，为战舰的防卫赢得主动。接着，火炮指挥仪也研制出来并装备军舰，包括雷达在内的火炮指挥系统，可使舰炮有效地打击飞机。同时，巡洋舰还装备了口径为20毫米~40毫米的多管自动炮，可以快速、灵活、准确地对空射击。炮弹近发引信的使用，使炮弹并不一定要直接命中目标，可在有效距离内靠炮弹的爆炸力将飞机击毁。

你知道吗

雷达是指利用电磁波探测目标的电子设备。发射电磁波对目标进行照射并接收其回波，由此获得目标至电磁波发射点的距离、距离变化率（径向速度）、方位、高度等信息。

▲“宙斯盾”雷达

▲德国“沙恩霍斯特”号战列巡洋舰

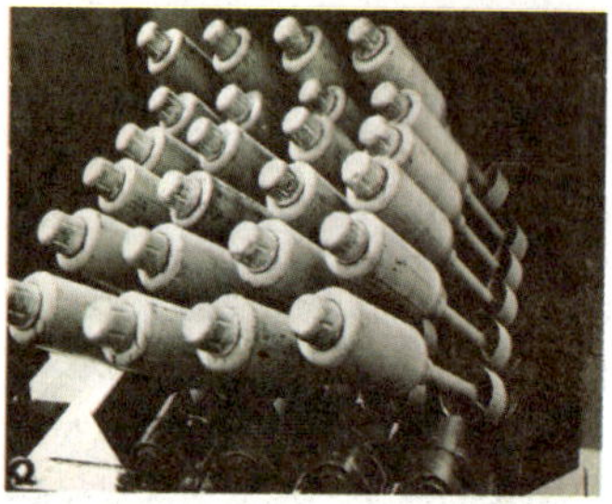

▲火箭深水炸弹——“刺猬炮”

与此同时，在反潜艇方面也得到加强。声呐装上巡洋舰，给战舰安上了“灵敏的耳朵”。英国和美国在声呐技术上领先。美国在战时的主要贡献是发展了一种能用一窄波束迅速在一个扇面或360° 全方位扫描的系统。这个系统能迅速准确地搜索到德国潜艇，反潜兵器也得到改善。1942年，英国海军在巡洋舰装备了名叫“刺猬”的深水炸弹，能从舰艏把24枚深水炸弹齐射出180米远；深水炸弹的装药量也成倍增加。不久，美国海军使用了带有陀螺仪稳定器和加大射击角的改良型“刺猬”深水炸弹发射炮。由于使用了“刺猬”型深水炸弹发射炮，命中潜艇的概率1944年提高了8%，1945年提高了10%。

在第二次世界大战期间，巡洋舰参加了广泛的战斗活动，主要是袭击敌方的海上交通线和保护自己的交通线。战争初期，德国还用重巡洋舰

▼日德兰海战

▲“无畏”号巡洋舰

和快速商船改装的辅助巡洋舰，单独在大西洋上进行所谓的“巡航作战”。此外，巡洋舰也曾协同战列舰和航空母舰进行战斗，担任它们的护卫，防止敌方航空兵、潜艇和驱逐舰的攻击。同时，巡洋舰还参与了对岸上目标和基地港口的炮火袭击。在第二次世界大战中，各资本主义国家的巡洋舰被击沉的共有123艘，占参战总数的47%，被击伤的也有80艘之多。

二、核动力与导弹化时期

第二次世界大战的硝烟散尽，昔日的海上霸主战列舰走向衰落，各国不仅停止了建造新战列舰，而且在战争中幸存下来的，也纷纷退役，或进工厂化舰为犁，或长时间封存。

一些国家计划中建造的巡洋舰也停止了建造，大批巡洋舰亦开始退役。即使是美国这样的海军大国，也仅存20艘重巡洋舰，而将另外20艘重巡洋舰和40艘轻巡洋舰转入预备役。

随着美国和苏联冷战的兴起，巡洋舰又被卷入新一轮军备竞赛。进入20世纪50年代之后，发展巡洋舰的国家主要是美国和苏联，其他国家建造巡洋舰的甚

▲美国 CA-68 重巡洋舰“巴尔的摩”号

少。英法等国则以建造驱逐舰和轻型航空母舰取代建造巡洋舰。

美国推行“核威胁”战略，并将航空母舰及其可投掷核武器的舰载机作为威慑手段之一。为了使舰载机深入对方的国土纵深，航空母舰不得不尽可能地逼近陆岸，这就冒着遭受对方陆基航空兵反击的极大风险。于是，美国发展巡洋舰的目的在于替航空母舰提供对空防御。事有凑巧，美国初期的防空导弹系统在体积和重量上都很庞大，唯有巡洋舰能够装载得下。50年代就出现了一种改装而成的、专业化的防空导弹巡洋舰，接着为了协调核动力航空母舰作战，又专门建造了防空型的核动力导弹巡洋舰。而在西欧，英、法、意等国则慑于苏联庞大的潜艇部队，纷纷改装或新建了保护海上交通线为战斗使命的反潜型直升机巡洋舰。

1953年，美国在其重巡洋舰“巴尔的摩”号上装上了“天狮星-Ⅰ”导弹。从此，巡洋舰开始进入导弹化新时期。1955—1956年，美国又对两艘“波士顿”号巡洋舰进行改装，装备了导弹武器。1958—1959年，又对两艘巡洋舰进行改装，装备了对空导弹、反潜导弹，使之能对付空中飞机和水下潜艇的攻击。最初的导弹巡洋舰的射击威力并不比火炮巡洋舰强。由于“天狮星”导弹效能很低，所以增大打击岸上和水面目标的企图并未实现。在这一时期，防空导弹得到了优先发展，研制了“黄铜骑士”、“小猎犬”和“鞑靼人”防空导弹。总之，导弹巡洋舰在发展的最初15—20年内，在各种武器射击威力方面并没有取得质的飞跃，因而，导弹巡洋舰对岸对舰攻击的能力不强，仍然充任警戒舰。1977年，“鱼叉”新式反舰导弹开始装备巡洋舰，是反舰能力发生根本变化的分界线。“鱼叉”导弹使巡洋舰的射击威力增大了1倍~1.5倍。1983年，“战斧”反舰导弹开始服役，这是增强反舰射击威力的又一步骤。“宙斯盾”系统装备“提康德罗加”级导弹巡洋舰后，导弹巡洋舰的射击威力比早期舰增加了1.5倍~1.8倍。而在1986年，随着导弹垂直发射装置的配备，其射击威力又增加到10倍。借助于发射装置的改进，对空射击威力也增加了1.3倍。在远程“战斧”导弹装舰之后，巡洋舰对岸射击的威力也增加了许多倍。

1957年12月，美国开始建造核动力巡洋舰“长滩”号。这是世界上第一艘核动力水面舰艇，也是第二次世界大战以后建造的第一艘新式巡洋舰。该舰排水量1.7万吨，以30节以上的速度可连续航行16万多千米。它可与核动力航空母舰协同作战，成为航空母舰警戒舰艇的核心，能够远离基地，长期在海上活动。60年代，第一艘核动力巡洋舰“长滩”号在与第一艘核动力航母“企业”号和第一

▲美国核动力巡洋舰 CGN“长滩”号

▲“长滩”号、“企业”号和“班布里奇”号编队航行

艘核动力驱逐舰“班布里奇”号，编成世界上第一支核动力特遣舰队作环球航行时，中途根本不进行燃料、食品补给。

苏联五六十年代没有航空母舰，因此，他们在巡洋舰发展过程中则另辟新径，发展了一种专门攻击美国航空母舰的反舰导弹巡洋舰。他们打算使用这种巡洋舰平时就尾随前来活动的美国航空母舰，把它们一一监视起来，只要一有战争，即对美国航空母舰实施先发制人的导弹攻击，采取“防患于未然”的对策。但是不久又出现了新情况，1960年美国“北极星”战略导弹核潜艇中的第一艘“乔治·华盛顿”号驶入太平洋，至1963年，后续的9艘“北极星”潜艇也都编入现役；并有31艘新一代的导弹核潜艇“拉斐特”级陆续下水，过去由航空母舰进行核打击的战略任务明显地转移给了导弹核潜艇。这对苏联来说当然是不能等闲视之的，于是，苏联于1963年开工建造了以反潜使命为主的“莫斯科”级直升机巡洋舰，此级共建造了2艘，舰体的前半部为典型的巡洋舰布置形式，而后半部则与航空母舰相似；于70年代又有“克列斯塔”Ⅱ级、“卡拉”级等17艘反潜巡洋舰相继问世。

▲“基洛夫”级核动力巡洋舰

进入80年代以后，巡洋舰向多功能方向发展，出现了一代新舰：美国的“提康德罗加”级、苏联的核动力巡洋舰“基洛夫”级、常规动力“光荣”级，都代表了当今世界巡洋舰的最高水平。这些巡洋舰排水量都在9000吨以上，“基洛夫”级满载排水量3.2万吨，是当今世界最大的巡洋舰。这些巡洋舰虽然貌不相似，但有一个共同特点，它们都不再是执行专业化任务的巡洋舰了，而是担负起对海、对空、对陆、反潜的全面作战使命。它们装备了多种型号的导弹，攻击力得到空前提高；它们广泛应用了卫星和电子计算机技术，具有完善的通信指挥系统；它们都装备了可以快速反应、能同时对付20个目标的导弹垂直发射系统。虽然，它们的主要使命之一是为航空母舰执行护航任务，但在战斗中它显然不只是作为一个配角出现的；特别是当以它为核心组成海上独立作战编队时，其将会大显身手。毫无疑问，当今的巡洋舰已是除航空母舰之外，战斗力最强的水面舰艇。

三、逐渐淡出舞台

美苏冷战结束后，即20世纪90年代以来，世界各国纷纷裁减军备，巡洋舰又面临一次大的考验。由于两三万吨的大型巡洋舰和几千吨级的驱逐舰所用武器几乎一样，只是携载数量的多少略有不同。所以，人们认为没有必要继续建造新的巡洋舰。美国军方发出指令：要在2000年前使现役所有的核动力巡洋舰全部退役，同时停止建造新的巡洋舰。俄罗斯海军也作出决策，除“基洛夫”级巡洋舰外，其他巡洋舰也将全部退役，并且停止建造新的巡洋舰。与此同时，其他国家的巡洋舰已经基本退役完毕，并且也不打算再建新的巡洋舰。

到21世纪初期，世界上只有美国和俄罗斯海军拥有两个级别的巡洋舰，到2030年之后，预计巡洋舰这个舰种将和战列舰一样，全部消亡。

第3节 巡洋舰集锦

巡洋舰，是目前世界上仅次于航空母舰、具有多种作战能力、主要用于远洋作战的大型水面舰艇。巡洋舰，按装备可分为火炮巡洋舰和导弹巡洋舰（火炮巡洋舰现已全部退役）。目前，世界上的巡洋舰全部为导弹巡洋舰，按动力可分为常规动力导弹巡洋舰和核动力导弹巡洋舰。

海上强盗："吉野"号巡洋舰（日本）

"吉野"号巡洋舰档案			
舰长	109.7米	续航力	4000海里
舰宽	14.2米	最大航速	23节
吃水	5.2米	标准排水量	4.2万吨
人员配置	360人		

"吉野"号巡洋舰由英国阿姆斯特朗兵工厂制造，1892年1月3日开工，同年12月20日下水，1893年9月30日建成。"吉野"号是当时世界上航速最快的水面军舰，航速高达惊人的23节。"吉野"号不仅航速快，而且战斗力在当时也是世

界一流。1891年，日本海军大臣桦山资纪在海军扩张案中正式向英国提出订购“吉野”号巡洋舰。

“吉野”舰大量装备了大口径速射炮。主炮选用4门英国阿姆斯特朗公司生产的40倍口径速射炮，火炮膛长6096毫米，弹头重45.4千克，初速671米/秒，有效射程8600米，射速7发/分。主炮两门分别安装在军舰艏艉楼甲板上，另外两门的安装位置则比较特殊，分别布置在艏楼末端主甲板两侧的耳台内，船头对敌作战时，可获得最大火力。

“吉野”号的独特设计，也是识别“吉野”的重要外观特征，为了使安装在耳台内的这两门6寸炮的前向射界更为开阔，艏楼尾部各向内侧削去了一块。军舰两舷至艉楼之间还设计8个耳台，各配置1门40倍口径速射炮，形成了密集的舷侧火力，这些速射炮同样是英国阿姆斯特朗公司制造，膛长4801毫米，弹重18.1千克，初速467米/秒，有效射程7000米。这些大口径速射炮均采用了厚度为4.5英寸的后部敞开式炮罩进行防护。

1904年5月10日，日俄争夺旅顺口的战争爆发。“吉野”号被编进了防护巡洋舰战队，配合主力舰队参加对旅顺口俄国舰队的围攻和封锁。5月15日中午1时，封锁旅顺的5艘日舰开始返航。返航途中它们遇到浓雾，在浓雾中，军舰竟驶进了俄国人布设的雷区。22时50分，日“初濑”号巡洋舰首先触雷爆炸。其他各舰纷纷放下舢板去抢救舰员，并冒着危险向“初濑”号靠近。不久“八岛”号巡洋舰在“初濑”号触雷线上接连触发两枚水雷，海水大量涌入，两艘日舰同时燃起了大火，舰上日军乱成一团。

“吉野”号此时就在附近，听到水雷爆炸万分惊慌，在浓雾中想尽快撤离到安全区，结果被正在高速航行的“春日”号巡洋舰拦腰撞中右舷中央。一声巨响后，“吉野”号右舷出现一个10多米的大口子，一时之间，海水大量涌入，舰体严重倾斜，很快沉没。

海上雄狮："狮"号战列巡洋舰（英国）

"狮"号战列巡洋舰档案			
舰长	213.4 米	续航力	5610 海里
舰宽	27 米	最大航速	27 节
吃水	9.3 米	标准排水量	26250 吨
人员配置	997 人		

"狮"号战列巡洋舰，又称"雄狮"号，是英国海军建造的"狮"级战列巡洋舰的首舰，同型舰有"狮"号、"皇家公主"号，改进型舰有"玛丽女王"号。

"狮"号战列巡洋舰于1909年9月29日开工建造，在设计阶段英国海军出现了"要速度还是要装甲"的争论，最后"速度派"占了上风。为进一步提高速度，英国海军为"狮"号战列巡洋舰安装了更多的锅炉，使它的舰体长度超过200米。"狮"号战列巡洋舰配备与1909型战列舰相同的13.5英寸口径主炮，双联装主炮塔全部沿舰体纵向中轴线布置，舰体前部两座主炮塔呈背负式，中部和艉部各一座主炮塔。

"狮"号战列巡洋舰在火炮威力与航行速度方面有明显的提高，但是由于追

求速度导致动力装置占用过多重量，而防护能力的提升有限。

“狮”号战列巡洋舰使用的测距仪立体感较差。而且它的光距较德国人的小，使得英国方面在测定舰只的位置时遇到了困难。

“狮”号战列巡洋舰的弹药储藏室设计失误，弹药储藏室和弹药输送机能导致弹药库火灾，而皇家海军却没有注意到这个问题。结果在日德兰海战中，皇家海军的战列巡洋舰像爆竹一样炸裂，而“狮”号战列巡洋舰仅仅是由于哈维少校的勇敢行为才得以幸免。

为了防止爆炸和降低失火危险，英国方面使用凡士林作为稳定剂。但是，日德兰海战中却发现凡士林反而加剧了火药的活性，使得其更易燃易爆。运送发射药包使用的容器是蚕丝口袋包裹，同时英国火药储藏的时间也较长，而且皇家海军在运送弹药时不关闭弹药舱门，这也是一个致命的失误。

在海战中，英国皇家海军使用的穿甲弹遇到德舰装甲即炸，但无法穿透其坚固的外表。这是由于皇家海军在测试穿甲弹的穿甲能力时通常只在距离小于1万码，入射角为90° 时测试。使得这种穿甲弹在入射角小于90° 时，穿甲效果不理想。这一试验方法曾经广受质疑，但是海军部对这些怀疑视而不见，这也导致了日德兰海战中炸而不穿现象的出现。

英国海军注意力集中于速度和大口径火炮方面，忽视了其他必要的改进，而且将战列巡洋舰作为舰队机动打击力量加入主力舰队中参加海战，背离了设计战列巡洋舰的主导思想，在海战中遭到重大损失。

英国人在技术方面存在着巨大的不足。在日德兰海战后，海军部终于开始对这些缺点进行改进，直到1917年这些隐患才得以消除。

应运而生："南安普敦"级巡洋舰（英国）

"南安普敦"级巡洋舰档案			
舰长	180 米	续航力	9000 海里
舰宽	19.5 米	最大航速	32.5 节
吃水	6 米	标准排水量	9320 吨

"南安普敦"级轻巡洋舰是英国在第二次世界大战前设计建造的巡洋舰。它可以承载750名舰员，全长180.3米，水线长178米，型宽19.5米，吃水6.1米，标准排水量9100吨，满载排水量11540吨。"南安普敦"级轻巡洋舰的外形设计具有浓厚的英国特色，采用艏楼船型，艏艉各有2座三联装主炮炮塔，中部有2座向

后倾斜的烟囱，烟囱之间布置着水上飞机弹射器和吊臂。

为了能和吨位大致相同但装备203毫米主炮的巡洋舰相抗衡，“南安普敦”级轻巡洋舰的主炮选择了152毫米口径。表面上看，203毫米主炮具有射程和威力的优势，但是由于命中率的限制，尤其是在恶劣的天气条件下，装备203毫米主炮的巡洋舰在距离方面的优势作用不大。而装备152毫米炮的巡洋舰可以凭借其高速度，很快缩短和对手之间的距离，对其产生巨大威胁。另外，虽然152毫米炮弹的重量比不上203毫米炮弹的重量，但是152毫米炮弹在数量和高射速上优势却弥补了这一不足，“南安普敦”级巡洋舰上的12门152毫米火炮在每分钟发射的弹药重量是装备203毫米主炮的巡洋舰的3倍。

“南安普敦”级轻巡洋舰的防护水平中等，主装甲带厚114毫米，能抵御从1万米以外射来的152毫米炮弹和近距离的203毫米的炮弹破片。弹药舱装甲最厚处达114毫米，甲板装甲32毫米～51毫米，炮塔装甲25毫米。动力方面采用帕森斯蒸汽轮机，功率7.5万马力，使得这艘标准排水量9300吨的巡洋舰速度达到了32节左右。“南安普敦”级载燃料2070吨，速度15节时续航力9000海里。

“南安普敦”级轻巡洋舰雷达设备比较先进，而且不断更新，包括高角度指挥仪控制塔、对空搜索雷达、对海搜索雷达和火控雷达。所装备过的型号几乎包括所有当时英国大型舰船使用的雷达型号，包括271型对海搜索雷达、285型火控雷达和286对海/对空搜索雷达。该舰还载有2架～3架水上飞机，是第一型有两个机库的英国巡洋舰。该级舰在第二次世界大战中参加了“俾斯麦”号追歼战、马耳他保卫战等许多著名战役，立下了汗马功劳。

重拳出击：“塞德利茨”级战列巡洋舰（德国）

“塞德利茨”级战列巡洋舰档案			
舰长	200.6 米	续航力	14 节 /4200 海里
舰宽	28.5 米	最大航速	29 节
吃水	9.3 米	标准排水量	24988 吨
人员配置	1240 人		

“塞德利茨”级战列巡洋舰是德国1910年度计划建造的重型巡洋舰。根据第二次舰队法，该舰将替代1892年服役的“凯瑟琳·奥古斯塔”号。1906年，德国再次修改了舰队法，并将计划建造的重型巡洋舰由14艘增加到20艘，这样该级战列巡洋舰就成为追加建造的部分。1910年1月，德国完成了该级舰的设计工作。

与“毛奇”级战列巡洋舰最大的不同是，在该舰艏楼上面，从舰艏到前桅的区域均设计有露天甲板，这样其正常状态下的前部干舷高度就变成了9米左右，从而改善了适航性。

与“毛奇”级战列巡洋舰相比，该级舰将舰体宽度减小了1米，水线长度则延长了14米，最终成为德国当时航速最快的主力战舰。

与“毛奇”级战列巡洋舰相比，该舰的防御能力有所加强，该级舰水线部装甲带的最大厚度仍与前者接近，虽然其前后主炮塔间的水线上、下部装甲带仅为1.4米和0.36米，但装甲厚度本身则均增加了10%左右。当然，水线部装甲带还不仅仅是这些，锥形的薄装甲铺装面积也进一步增加。在舰体下部，水线下的装甲带达到了1.7米，厚为150毫米；在舰体上部，上甲板的装甲厚230毫米，火炮射击口的防护装甲厚200毫米。另外，距离最厚部内舷侧4米的位置还设计有50毫米厚的鱼雷防御舱壁，与此相连直至上甲板均设计有30毫米弹片防御舱壁。其强大的防御能力不久在第一次世界大战中就得到了充分验证。

其装备的火炮与“毛奇”级战列巡洋舰相同，而每座主炮的额定炮弹数量则均增加了6发，合计为870发；每座副炮的额定炮弹数量也由此前的150发增加到了160发，88毫米火炮也是如此。

沙场老将：“德弗林格”级战列巡洋舰（德国）

“德弗林格”级战列巡洋舰档案			
舰长	210.4 米	续航力	14 节 /5600 海里
舰宽	29.0 米	最大航速	26 节
吃水	9.6 米	标准排水量	26600 吨
人员配置	1390 人		

1912年，德国自信其技术、经验和装备均已成熟，开始建造新一批战列巡洋舰——“德弗林格”级。该级共造3舰，分别是“德弗林格”号、“吕佐”号和“兴登堡”号。它们在第一次世界大战期间南征北战，是德国海军的精华。

“德弗林格”级舰采用平甲板舰型，甚至比同时的德国“恺撒”级战列舰还大一些。8门50倍口径的12寸主炮沿甲板中线布置，以双联装分别布置在艏艉两端，这也是该类型的主炮第一次配置在德国的战列巡洋舰上，虽然相比同期的英国战巡主炮口径偏小，但是有更快的射速。与同时期的英国和美国主力舰结构很相似。采用油煤混合燃烧动力，也就是以燃煤为主，燃烧时向炉腔内喷洒重油增加效率。此时的舰用蒸汽机正好出于燃煤和燃油的交替阶段，只有英国的“伊丽莎白女王”级完全采用燃油锅炉，而且还考虑到战时石油可能紧缺，又建造了结

构相同而使用燃煤的“复仇”级。拥有全球资源的英国尚且如此，没有海外石油产地的德国就只能使用燃煤锅炉了。

此外，还扩大了防护区域，增加了装甲厚度和水密隔舱数量。其整体防护接近早期“无畏”舰的水平，展示了德国造船工业的高超技术水平。

“德弗林格”级在第一次世界大战中表现突出，其中“德弗林格”号尤其出色。该舰曾重创英军第一战列巡洋舰分舰队旗舰“雄狮”号，并在1916年的日德兰海战中击沉了英国的“玛丽女王”号和“无敌”号战列巡洋舰。它在海战中曾被英舰大口径穿甲弹命中17次，受创进水3000多吨，但却依然保有顽强的生命力。

你知道吗

“德弗林格”级3舰中，“吕佐”号在第一次世界大战中丧命，余下2艘在战后被引渡到英国，于“彩虹行动”中自沉。所谓“彩虹行动”，是指德国海军进行的大规模自沉舰船行动，因其以“彩虹”作为沉船暗语，故得此名。德国之所以这么做，是不愿自己的大型水上舰艇落入敌国手中。在世界海战史上，这种行动共有两次。

出类拔萃：“沙恩霍斯特”级战列巡洋舰（德国）

“沙恩霍斯特”级战列巡洋舰档案			
舰长	235.0 米	续航力	15 节 /9020 海里
舰宽	30.0 米	最大航速	33 节
吃水	8.5 米	标准排水量	31053 吨
人员配置	1629 人		

“沙恩霍斯特”级战列巡洋舰是德国1934年度计划建造的战舰。宣布重整军备后，为加强对法作战准备，纳粹德国率先将该级舰作为主力战舰建造。在建造计划中，该级舰的舰种是战列舰，但德国海军减轻了部分装甲重量以便获得较高的航速，因此事实上该级舰仍属于战列巡洋舰。其舰名均与德国陆军名将的名字有关，并沿用在第一次世界大战期间在马尔维纳斯群岛（简称马岛）海域作战时沉没的巡洋舰名称。

最初，德国海军根据《凡尔赛条约》的规定，计划将该级舰作为袖珍战列舰来建造，但其标准却达到了1.9万吨，超出了限制范围。由于此种吨位的战舰无法与当时仍处于建造阶段的法国“敦刻尔克”号战列舰相抗衡，因此德国海军以第

一次世界大战期间未能完成的“马肯森”级战列舰为原型制定了设计方案，并最终将该级舰的标准排水量增加到了2.6万吨。英德海军协定成立后，该级舰的排水量得到了认可。此后，德国海军再次对该级舰的设计方案进行了修改，将其排水量又增加了6000吨，但并未对外公开。

此外，德国海军还讨论了装备380毫米火炮的问题，但最终由于时间问题还是先搭载了280毫米54.5倍口径火炮，并决定日后再换装。该级舰采用了与“俾斯麦”级战列舰相同的装甲钢板。为了使战舰拥有强大的续航能力，德国海军讨论了装备柴油机的问题，但由于需要满足每轴功率达到4万马力的条件，而且其研制完成日期也无法预测，再加上出于节省燃料的考虑，德国海军最终还是选择了超高压涡轮机。但这种涡轮机也只处于研制阶段，距离研制成功也需要一段时间，这最终导致该级舰的建造工期被一再推迟。另外，由于德国海军在建造期间修改了设计方案，该级舰的吨位不断增加，在满载的情况下，其水线装甲带上部边缘只距离水线约1.2米。

违约之舰：“最上”级巡洋舰（日本）

“最上”级巡洋舰档案			
舰长	200.6 米	续航力	8000 海里
舰宽	18.2 米	最大航速	36 节
吃水	6.9 米	标准排水量	11192 吨
人员配置	930 人		

“最上”级巡洋舰最初是日本根据《伦敦海军条约》规定而建造的轻巡洋舰。日本海军要求能够打击敌方巡洋舰编队，并为己方战列舰编队提供护航和侦察。

日本海军的本意是要把“最上”级改造成重巡洋舰，要求必要时能够换装203毫米口径主炮。为了规避有关条约的限制，“最上”级起初安装5座三联装155毫米口径主炮。后来换装5座双联装203毫米口径主炮变为重巡洋舰，被西方国家称为“惊人的违约舰”。

“最上”级巡洋舰共建造4艘，分别是“最上”号、“铃谷”号、“三隈”号和“熊野”号。首舰“最上”号从1931年10月27日起开工建造，至1937年4艘舰全部建造完毕。

“最上”级巡洋舰排水量与“高雄”级重巡洋舰不相上下，完工服役时标准排水量达11192吨，超出了《华盛顿海军条约》对排水量的限定。

▲“最上”号

▲“熊野”号

▲“铃谷”号

“最上”级巡洋舰最初装备5座三联装155毫米口径主炮共15门，5座炮塔采用舰体前部3座、后部2座的方式布置，第1炮塔与其后的第2炮塔同位于上甲板，第3炮塔高于前两座炮塔，舰体后部的第4、第5两座炮塔呈背负式布置。配备127毫米高射炮8门，4座三联装610毫米口径鱼雷发射管共12门，水上飞机弹射器两台，可搭载水上侦察机3架。自动机组的功率超过当时的高雄级重巡洋舰，设计航速37节（经过加强结构的改装后航速36节）。前烟囱烟道向后曲折与后烟囱的排烟口合并为一体，前烟囱远离舰桥，减小排烟对舰桥的影响。

“最上”号1942年9月在佐世保海军工厂开始进行大改装，改装成航空巡洋舰。1944年10月25日在莱特湾海战的苏里高海峡夜战被重创后自沉。“三隈”号1942年6月6日在中途岛海战中与“最上”号相撞受伤后被美军飞机击沉。“铃谷”号1944年10月25日莱特湾海战中在萨马岛海域遭美军飞机攻击重创后自沉。“熊野”号1944年11月6日在菲律宾圣塔克鲁兹遭受美军潜艇攻击，被两枚鱼雷击中。1944年11月25日修理期间遭到美军飞机攻击后沉没。

轻型舰王："布鲁克林"级巡洋舰（美国）

"布鲁克林"级巡洋舰档案			
舰长	185.4 米	续航力	15 节 /9000 海里
舰宽	18.8	最大航速	31.5 节
吃水	6.9 米	标准排水量	9600 吨
人员配置	868 人		

"布鲁克林"级轻巡洋舰是美国为了对付日益扩张的他国海军力量而建造的装备6英寸主炮的轻型巡洋舰。"布鲁克林"级轻巡洋舰最初的设计强调本级舰的速度和巡航性能都不能低于重巡洋舰。1931年初，最终选定的"布鲁克林"级轻巡洋舰的建造方案是排水量9600吨、装备4座三联炮塔、装甲防护同新奥尔良级。后来，为了安装1.1英寸的防空炮，本级舰的设计再次被修改，对装甲防护同样也做了一些改动。这个时期，装备多达15门6英寸主炮的日本最上级轻巡洋舰的出现，使美军受到了启发，"布鲁克林"级的建造方案再一次被修改。最终的设计

▲"布鲁克林"级轻巡洋舰——"布鲁克林"号

▲“布鲁克林”级轻巡洋舰——“博伊西”号

里，“布鲁克林”级的主要武器变为5座6英寸三联炮塔，飞行甲板移至舰艉。

“布鲁克林”级轻巡洋舰装备了新研制的47倍口径Mk16型舰炮，这种舰炮的最大射程约为23882米。炮塔正面装有6.5英寸的重甲。“布鲁克林”级轻巡洋舰的副炮为5英寸25倍口径的单装炮，防空武器主要为0.5英寸的机枪，舰艉装备两部弹射器和4架水上飞机，没有装置鱼雷。

1933年计划里订购了4艘“布鲁克林”级，1934年再次订购3艘。本级舰最终共建造10艘，其中最后两艘有少量的改进，以至于有些资料里将其单独列为“圣路易斯”级轻巡洋舰。战争的严酷教训使战时的“布鲁克林”级加装了四联装的1.1英寸防空炮。所有舰只全部在1935—1939年间建造完成服役。

“布鲁克林”级轻巡洋舰作为战前建成的一级新锐轻巡洋舰，自始至终参与了大量海战。其中“圣路易斯”号在1943年7月12日的科隆班加拉海战中被日本鱼雷重创，1944年11月27日莱特湾海战中再次被日本“神风”机命中。“海伦纳”号在日军偷袭珍珠港时被击伤。1943年7月，在所罗门群岛海域的库拉湾海战中被3枚鱼雷击中。

第二次世界大战后，拥有坚强火力和优秀性价比的“布鲁克林”级成为国际军火市场上的抢手货，除“萨凡纳”号、“檀香山”号和被击沉的“海伦纳”号之外全部被南美国家购入充实本国海军实力。值得一提的是，被出售给阿根廷的“费城”号，在1982年马岛战争被英国核潜艇击沉，死亡水兵高达1000余人，给本级舰抹上最后一笔悲剧色彩。

死亡陷阱：“阿拉斯加”级巡洋舰（美国）

“阿拉斯加”级巡洋舰档案			
舰长	246.6 米	续航力	15 节 /12000 海里
舰宽	27.8 米	最大航速	32 节
吃水	79.2 米	标准排水量	2.7 万吨
人员配置	1900 人		

“阿拉斯加”级是美国建造的一款“大型巡洋舰”，其设计介于新型战列舰与条约型巡洋舰之间。它本是为专门对付敌方重巡洋舰而生的，近似战列巡洋舰，但在舰型、武备和防御装甲以及运用思想方面却不尽相同。该级舰最大的特

▲“阿拉斯加”级巡洋舰——“夏威夷”号

▲“阿拉斯加”级巡洋舰——“阿拉斯加”号

点是火力极强，尤其是以127毫米炮、40毫米“博福斯”和20毫米“厄利孔”机关炮组成的密集防空火网，简直是日本飞机难以幸存的死亡陷阱。1941年12月，在“珍珠港事件”爆发10日之后，该级舰在纽约船厂正式开工。原计划造舰6艘，分别以当时6处美属海外领地命名，然而随着战局的发展和军方优先建造航母的策略，最终只完成“阿拉斯加”号和“关岛”号2舰，3号舰“夏威夷”号更是在完成84%的工程后，被无限期搁置了。

“阿拉斯加”的主动力装置包括4台冲动式高温高压蒸汽轮机和8座单烟道燃油锅炉，工作参数很高，超过同期日本舰用蒸汽轮机50%左右。为提高军舰的抗沉性，每座锅炉和轮机都布置在独立的水密隔舱内；且锅炉舱和轮机舱交错布局，进一步提高了动力系统的生命力。动力推进装置为4轴4桨、单平衡舵。辅机是4台三相交流汽轮发电机组，另有4台应急柴油发电机组。

“阿拉斯加”级的主要对海打击武器是装备于3座三联炮塔里的9门12英寸50倍径MK8主炮。该主炮由“怀俄明”级战列舰的MK7型主炮发展而来，使用MK18

型穿甲弹和MK22型爆破弹。使用穿甲弹时，炮口初速为760千米／秒，最大射程达35271米。经过美国海军军械局测试发现，该型火炮在2万～3万码距离上的穿甲能力可达9英寸～13英寸，威力不亚于美国海军旧式战列舰装备的14英寸火炮，用来对付日军的重巡洋舰绰绰有余。

1944年底，“阿拉斯加”号和“关岛”号投入现役，然而该时亚洲和太平洋战区的战局已经明朗化，日本战败只是时间问题。因而二舰服役后一直担负为快速航母编队护航的任务，没有任何战绩，舰上强大的武备也只有高射炮真正发挥过作用。

多重使命：“莱希”级巡洋舰（美国）

“莱希”级巡洋舰档案			
舰长	162.5 米	续航力	20 节 /8000 海里或 30 节 / 2500 海里
舰宽	16.6 米	最大航速	33 节
吃水	7.6 米	标准排水量	5670 吨
人员配置	423 人		

▲“莱希”级“英格兰”号导弹巡洋舰

▲“莱希”级首舰“莱希”号导弹巡洋舰

“莱希”级原是美国海军第二代导弹驱逐领舰，1975年改称导弹巡洋舰。该级舰共建9艘，首舰“莱希”号于1959年开工，1962年服役。作为航空母舰编队的组成部分，“莱希”级用于直接护卫航母，首要使命是防空作战，其次是反潜，同时还可用于支援两栖作战。

“莱希”级采用长艏楼舰型，艏部平直倾斜，艏部下方设有球鼻首声呐导流罩。为了防止烟害对武器和电子设备的腐蚀，“莱希”级首次采用烟囱和桅杆一体化结构。

“莱希”级的动力装置采用2台蒸汽轮机，蒸汽轮机使用了铬钼和镍合金钢材料，适合在高温、高压的恶劣环境下工作，且重量较轻、可靠性较好。

你知道吗

在1990年的海湾战争中，“莱希”级中的“里奇蒙·特纳”号和“英格兰”号，分别跟随以“拉萨尔”号为指挥舰的中东特遣舰队和以“罗斯福”号航母为首的航母特混编队，于8月2日部署在波斯湾水域，主要担负舰队防空任务。

“莱希”级舰上舰空、舰舰和反潜导弹一应俱全：2座四联装“鱼叉”舰舰导弹、2座MK-10型SM-2ER“标准”舰空导弹、1座八联装MK-16“阿斯洛克”反潜导弹，同时在舰中部两侧还布置了2座MK-32型鱼雷发射装置。此外，设有2座30毫米“密集阵”近程防御武器系统。该级舰电子设备齐全、通信能力强。

“里夫斯”号是“莱希”级最后一舰，自1964年5月开始服役。该舰曾在1969年4月退役，却又于1970年8月重新入役，后在1973—1982年间多次进行大修，安装新武器系统和电子设备，实现了指挥通信系统自动化。1979年2月，“里夫斯”号在夏威夷海域作导弹射击演习时，以“小猎犬”防空导弹迎击11个来袭空中目标，命中10个，创造了“小猎犬”导弹命中率的最高纪录。

一鸣惊人：“弗吉尼亚”级核动力巡洋舰（美国）

“弗吉尼亚”级核动力巡洋舰档案			
舰长	178.3 米	续航力	30 节 /13500 海里
舰宽	19.2 米	最大航速	30 节
吃水	9.6 米	标准排水量	8623 吨
人员配置	624 人		

20世纪60年代到70年代，随着美国“尼米兹”级核动力航母的成功研制和陆续服役，美国海军仅有的3艘核动力巡洋舰已经无法满足需要。于是，美国海军提出了发展“加利福尼亚”级和“弗吉尼亚”级核动力导弹巡洋舰的计划。最终，“弗吉尼亚”级核动力巡洋舰建造了4艘。其首舰“弗吉尼亚”号于1972年开工，1974年下水，1976年9月服役。该级舰是美国海军的第四级核动力导弹巡洋舰。

“弗吉尼亚”级核动力巡洋舰的主要任务是与核动力航母一起组成强大的特混编队，在危机发生时迅速开赴指定海域，为航母编队提供保护，并为两栖作战提供支援。

“弗吉尼亚”级核动力巡洋舰是第一艘全综合指挥与可控制的导弹巡洋舰，具有独立或协同其他舰艇对付空中、水下和水面威胁的作战能力，具备在全球范围内执行各种作战任务的能力。该舰设计时采用了大量的自动化技术，因而比“加利福尼亚”级减少了约100名舰员。此外，它还着重考虑了全舰的居住性，其生活条件较为舒适，以利于舰员长期在海上生活、执行作战任务。

“弗吉尼亚”级舰装备了美国海军当时最先进的综合指控系统和武器系统，

▲“弗吉尼亚”级核动力巡洋舰首舰“密西西比”号

而且在建造时就考虑了以后的改装需要，在舰体尺寸等各方面都留有较大修改余地。自20世纪80年代以来，该级舰先后进行了数次改装，以增强防空、反潜等方面的作战能力，并具备了对地攻击能力。

此外，该舰上还装有“捕鲸叉”反舰导弹。该弹布置在舰桥前端的01平台上，为2座4联装发射装置。“捕鲸叉”反舰导弹飞行速度为0.9马赫，射程130千米，是美国海军的标准反舰武器，此外，在该舰艏艉各有一座MK-45单管127毫米舰炮，具备一定的对海攻击能力。

▲“密西西比”号发射战斧巡航导弹

“弗吉尼亚”级核动力巡洋舰有着十分先进的作战指挥系统，该作战指挥系统由19个操作显控台、7台UYK-7型计算机和2个大型水平显控台组成。“弗吉尼亚”级核动力巡洋舰的作战情报中心位于舰桥下方，内设全集成的作战指挥系统，它使用公用计算机进行各种数据处理，武器分配并入指控程序，以利于提高信息交换率，完善武器协调性和缩短反应时间。“弗吉尼亚”级核动力巡洋舰还装有SPS-40B两坐标对空雷达，SPS-55对海搜索雷达，SPS-48A三坐标对空警戒雷达，SPS-51、SPS-60和SPQ-9A火控雷达，SQS-53舰壳声呐等大量电子设备。

宙斯之盾：“提康德罗加”级导弹巡洋舰（美国）

“提康德罗加”级导弹巡洋舰档案			
舰长	173.0 米	续航力	20 节 /6000 海里和 30 节 /3300 海里
舰宽	16.8 米	最大航速	32.5 节
吃水	9.7 米	标准排水量	7652 吨
人员配置	387 人		

“提康德罗加”级导弹巡洋舰是美国海军在航空母舰之外最有战斗力的海上武器之一。作为美国海军最早安装“宙斯盾”防空系统和“战斧”巡航导弹的军舰，“提康德罗加”级导弹巡洋舰具备高效的防空性能和强大的对地攻击能力。

▲“提康德罗加”级导弹巡洋舰发射“战斧”式巡航导弹

“提康德罗加”级巡洋舰最大的特点就是安装了“宙斯盾”防空作战系统。这套以古希腊神话中主神宙斯使用的盾牌命名的“全自动指挥与武器自动控制系统”由最先进的相控阵雷达和计算机设备组成，可在开机后的18秒内对400个目标进行搜索，跟踪其中100个目标，并指挥12枚～16枚导弹攻击敌人，是当之无愧的神之盾牌。

尽管“提康德罗加”级巡洋舰的建造费用惊人，首舰的建造费用为9.38亿美元。由于其性能出众，自1983年首舰服役以来，“提康德罗加”级巡洋舰的建造数量一再增长。最初美国海军打算建造8艘，到了1992年最终决定建造27艘。“提康德罗加”级巡洋舰也成为世界海军史上建造数量最多的一种巡洋舰。

2002年开始，“提康德罗加”级巡洋舰开始换装了MK45型127毫米/62型舰炮，采用远程制导炮弹、射程达到了140千米、命中精度为10米，攻击能力得到进一步增强。

“提康德罗加”级巡洋舰是目前世界上防空性能最为卓越的战舰，舰上装有射程达到73千米的“标准”舰空导弹。早期的“提康德罗加”级巡洋舰只装备了68枚“标准”导弹，且发射间隔时间过长，后期的“提康德罗加”级巡洋舰采用了更快捷的垂直发射系统，平均一秒钟可以发射一枚导弹，“标准”导弹的携带量也增加到了122枚，足以抵挡大密度的饱和攻击。

在反舰方面，“提康德罗加”级巡洋舰按照美国大中型舰船的标准配置装有2座4联装的“鱼叉”反舰导弹。此外，舰上2座MK45型127毫米舰炮也具有强大的反舰火力。该炮可发射重量为32千克的精确制导炮弹，最大射程达40千米。炮弹的战斗部含有72颗子弹，射击误差不超过10米。

铁舰猛兽：“斯维尔德洛夫”级巡洋舰（苏联）

“斯维尔德洛夫”级巡洋舰档案			
舰长	210.1 米	续航力	18 节 /5229 海里或 33 节 /1975 海里
舰宽	22.1 米	最大航速	34 节
吃水	7.3 米	标准排水量	14290 吨
人员配置	1200 人		

“斯维尔德洛夫”级巡洋舰是苏联第二次世界大战后建造的第一批大型水面舰只，该级舰在苏联海军发展历史中占有重要的地位。

“斯维尔德洛夫”级巡洋舰的舰体呈长艏楼型，艏楼长度约占舰体的2/3。这种舰体外型的优点主要是：提高了干舷并改善了耐波性；增加了上甲板下的舱室容积；增加了舰艇的储备浮力及稳定性等。“斯维尔德洛夫”级巡洋舰在风浪中的快速性和稳定性都更好，这是因为它采用直线型前倾首柱，舰艏有角度很小并略微外张的舷弧线，舰艉则采用了标准的巡洋舰艉，舰体向后逐渐收窄到小圆弧形。

“斯维尔德洛夫”级巡洋舰在甲板两侧各安装了一具PAT-53-68比斯型五联装533毫米鱼雷发射管。发射53-51型533毫米直航式鱼雷用于反舰，鱼雷速度51节时射程4000米。这些鱼雷性能较为落后，从1957年后，“斯维尔德洛夫”级巡洋舰上的鱼雷发射管被陆续拆除。

“斯维尔德洛夫”级巡洋舰的舰艏是两座3联装152毫米舰炮，上层建筑前有2座双联37毫米炮座，舰桥后方是三脚主桅和直立式烟囱，它们与后三脚桅及后部烟囱之间是救生艇甲板。“斯维尔德洛夫”级巡洋舰的两侧布置有6座双联装100毫米副炮，8座双联装37毫米高炮和2具五联装533毫米鱼雷发射管。

“斯维尔德洛夫”级巡洋舰的后甲板室上方布置有主炮火控雷达与6座37毫米高炮。舰艉有2座三联装152毫米舰炮，其中3号炮塔的部分基座被包拢在尾甲板室中。舰艉甲板下方是水雷库和布雷装置，布雷口设在水线以下。

“斯维尔德洛夫”级巡洋舰有较为完善的装甲防护。中部侧舷水线附近有100毫米装甲，水密舱壁装甲120毫米，司令塔侧面装甲厚130毫米，顶部装甲100毫米，底部装甲50毫米。主炮炮塔正面装甲175毫米，侧面装甲50毫米，顶部装甲75毫米，炮塔基座装甲130毫米。100毫米副炮炮塔基座装甲20毫米。装甲总重量2910吨。

巡洋之王：“基洛夫”级核动力巡洋舰（苏联）

“基洛夫”级核动力巡洋舰档案			
舰长	251.2 米	续航力	30 节 /14000 海里
舰宽	28.5 米	最大航速	32 节
吃水	9.1 米	标准排水量	1.9 万吨
人员配置	727 人		

“基洛夫”级核动力巡洋舰是苏联海军建造服役的世界上最大的巡洋舰，也是苏联海军第一种采用核动力的巡洋舰。“基洛夫”级巡洋舰可承担广泛的作战任务，既可以与航母混合编队，也可以与驱逐舰组成编队。“基洛夫”级巡洋舰

一共建有4艘，首舰“基洛夫”号（后改名为“乌沙科夫海军上将”号）于1980年开始服役。

1962年的古巴导弹危机后，苏联秘密开始了自己的航母和巡洋舰的建造计划。在最初的方案中，“基洛夫”级巡洋舰只是一艘排水量在9000吨左右、配备反舰导弹6枚～8枚的导弹巡洋舰，但苏联海军对此表示了强烈不满，几经修改，“基洛夫”级巡洋舰变成了一艘排水量2.43万吨、采用核动力燃料的超级巡洋舰。

按照当时苏联海军制定的饱和攻击作战原则，当“基洛夫”级巡洋舰与敌方航母遭遇后，可以在一分钟内将自己装备的20枚SS-N-19型超音速反舰导弹全部射出。这种重量达到7吨、战斗部为750千克常规弹头或35万吨当量核弹头的导弹只要命中一枚就可使航母重伤。凭借SS-N-19反舰导弹的巨大威力，“基洛夫”级巡洋舰也成了苏联海军对抗美国航母的王牌武器。

整洁的外形和几乎无限的续航能力还只是“基洛夫”级巡洋舰的小优点，它数量庞大的舰载导弹才是让世人叹为观止的。由于“基洛夫”级巡洋舰在苏联海军的设想中要承担多重战斗任务，因此它携带了500多枚各种类型的导弹，这一数字几乎是美国海军携带导弹数量最多的“提康德罗加”级巡洋舰的4倍还多。

“基洛夫”级巡洋舰的主要任务是执行远洋反潜任务，其反潜能力空前强大。它共有4层反潜火力，第一层为携带反潜导弹的卡–25反潜直升机，第二层为一部双联装的SS–N–14反潜导弹，第三层为设置在舰体上的2座五联装的533毫米鱼雷发射管，第四层为3座反潜火箭发射器。这4道反潜防线让“基洛夫”级巡洋舰不必再担心来自水下的杀手。

大洋杀手：“光荣”级导弹巡洋舰（苏联）

“光荣”级导弹巡洋舰档案			
舰长	186.4 米	续航力	30 节 /2500 海里或 15 节 /7500 海里
舰宽	20.8 米	最大航速	32 节
吃水	8.4 米	标准排水量	9380 吨
人员配置	454 人		

“光荣”级导弹巡洋舰继“卡拉”级之后被建造出来，于1983年在黑海海域首次亮相。该舰最初被西方情报界称为“BlackCom1”级，也就是后来人们所熟知的“克拉辛那”级，但按照首舰命名的习惯被称为“光荣”级。“光荣”号（现称“莫斯科”号）于1976年在尼古拉耶夫造船厂开始建造，1979年下水，经过大量试验之后于1983年服役。

从“光荣”级战舰的舰体可以看出，它的设计源于“卡拉”级大型反潜舰，增加了战舰长度以便留出空间装备新的武器系统。此外，这种比“卡拉”级更大的尺寸也提高了战舰稳定性，同时还可以增加雷达天线杆的高度。装备的两个烟囱能够彻底排出燃气涡轮推进系统所产生的废气。

舰上的反舰作战装备主要有：8座双联SS-N-12“沙箱”反舰导弹，用鱼雷管发射的T3-31或T3CT-96反潜反舰两用鱼雷以及53-68型核鱼雷，1座双联130毫米舰炮等。

“光荣”级导弹巡洋舰的首柱前倾斜度较大，这可以减小前甲板淹湿；舰体外倾，可以进一步改善舰艇的耐波性。“光荣”级导弹巡洋舰区别于其他大型舰艇的一个显著标志是：它采用“三岛式”设计方法，上层建筑分为首、中、尾不相连接的三段，有利于武备、舱室的均衡布置和提高舰艇的稳定性。

在“光荣”级导弹巡洋舰的中部上层建筑前端平台上设有2部“椴木棰”火控雷达，用于控制舰中部两舷的近防炮；其桅杆（后桅杆）上则设有1部“顶对”对空搜索三坐标雷达，此外，在该桅杆两侧还集中设置有各种电子战设备，用于控制诱饵发射系统，实施电子对抗或干扰敌方掠海飞行的导弹。

“光荣”级舰以先进的全燃联合动力装置作为推进系统，包括4台功率为64.68兆瓦的加速机和2台功率14.7兆瓦的巡航机。“光荣”级导弹巡洋舰在巡航速度航行时，可使用2台巡航机工作；如果在快速航行时，可使用4台加速机工作；倘若是高速航行时，可同时使用6台燃气轮机工作。“光荣”级导弹巡洋舰的全燃联合动力装置的各台机器之间转换灵活方便，既满足高速航行需要，又满足低速航行时节省燃油的要求，具有经济、可靠、续航力高等优点。

第③章 海洋先锋——驱逐舰

第二次世界大战之后，随着战列舰和巡洋舰大量消失，驱逐舰的发展经历了两个时代。战后前10年内，美苏两国大量建造以火炮为攻击武器的驱逐舰，仅苏联的“快速”级就建成75艘之多，这也折射出驱逐舰在当时所受到的重视程度。除美苏外，其他国家也少量建造了一些火炮驱逐舰。日本是第二次世界大战以后建造驱逐舰级数最多的国家之一，排在苏、美之后为世界第三。后来有10级41艘在役，在役量仅次于美国，排世界第二。20世纪90年代，日本建成了世界上现役最大的驱逐舰“金刚”级（满载排水量9485吨）。

第 1 节　认识驱逐舰

驱逐舰其实就是一种大型的鱼雷艇，在第一次世界大战中，驱逐舰起到了十分重要的作用，它取代了鱼雷艇而成为一种可以在远海大洋上对敌方舰艇进行鱼雷攻击任务的主力舰艇。驱逐舰携带鱼雷和水雷，频繁进行舰队警戒与护航、布雷以及保护补给线的行动，一部分驱逐舰还可作为扫雷舰艇使用，甚至可以被直接用来支援两栖登陆作战。

一、早期的驱逐舰

在1880—1890年间，西方世界出现了以蒸汽机为动力、功率1470千瓦～3000千瓦、排水量400吨～1500吨的新型军舰。舰上设有大炮，用来轰击鱼雷艇；同时配备有鱼雷，可以攻击敌方巨舰。它被称为“鱼雷炮舰”，是驱逐舰的雏形。

这种鱼雷炮舰的设计思想是不错的，但它的航速偏低，在海战中追不上鱼雷

▲日本“龙田”号鱼雷炮舰

▲法国“迪波威尔”级鱼雷炮舰

快艇。为了提高航速则需要功率更大、效能更高的蒸汽机。为此，科学家和工程师们做了新的探索和改进，采用水管锅炉和强力鼓风以提高蒸汽参数，增加蒸汽机膨胀级数和气缸数量。高性能蒸汽机的出现为鱼雷炮舰提高航速奠定了基础。

经过造船工程师亚罗等人的努力，英国于1893年建造了世界上最早的驱逐舰“哈沃克”号和“霍纳脱”号。这两艘驱逐舰舰长54.8米，宽5.5米，排水量240吨，航速达到27节，是当时世界上航速最高的军舰，舰上装有4门舰炮和3座鱼雷发射装置。这两艘姊妹舰的建成为“海上霸主”增辉不少，也为驱逐舰这一新舰种的发展展示了广阔的前景。美国当然不甘落后，在1900年建造了“班布里奇”级驱逐舰。该舰排水量420吨，航速达29节，装备了2艘鱼雷快艇和2门舰炮，成为那时最有威力的驱逐舰。这之后，世界各海军强国又展开了一场驱逐舰的造舰竞赛狂潮。至第一次世界大战拉开序幕之际，英、美、德、法、俄等国已造成了600多艘驱逐舰，仅英国就造了200多艘。

为争夺海上霸权而掀起的造舰狂潮不仅使驱逐舰的数量猛增，舰艇战术技术性能也有了大幅度的提高。舰体增大，满载排水量达到了1000吨～1500吨；武器装备增强，一般都装备2座～3座鱼雷发射装置、数门射程较远的舰炮。动力装置也有了可观的改进，多数驱逐舰采用了以油为燃料的蒸汽轮机。航速普遍达到30节以上，有的达到了37节。俄罗斯于1916年建造的“义加斯拉夫”号驱逐舰排水量1350吨，航速35节。装备了3座450毫米3联装鱼雷发射装置、5门100毫米舰

▲英国“哈沃克”号驱逐舰

炮。在那时称得上是海上的庞然大物。

驱逐舰最初的战斗使命只是打击鱼雷快艇及施放鱼雷攻击敌方大舰。但随着海战实践不断提出新的需要，科学技术的进步及武器性能不断提高，驱逐舰的战斗使命也在不断增多。

1935年，意大利进兵埃塞俄比亚时出动了大批作战飞机，这使各国海军认识到：航空兵力对海上舰队构成威胁，舰队应有足够的防空力量，除航空母舰上的舰载机之外，驱逐舰也应具有防空能力。至1939年，世界上就出现了配置最先进防空武器的防空驱逐舰。随着深水炸弹的问世，驱逐舰又担负了反潜任务。人们在战争实践中认识到，这种中型军舰无论是布雷、巡逻、护航、登陆支援，都能不辱使命，发挥很大作用。“多面手”的美名在实践中被确认。

但是，驱逐舰战术技术性能的革命性变化还是在装备了导弹——导弹驱逐舰的诞生之后。导弹是射程远、精度高、威力大的精确制导武器；装备着各种导弹的导弹驱逐舰的攻击目标绝不再仅仅是小小的鱼雷艇了。导弹化是当代各国海军装备，也是包括驱逐舰在内的发展趋势，许多国家都取得了惊人的进展。

美国自50年代建造“米彻尔”级导弹驱逐舰之后，又陆续研制了许多舰级。如“伯克”级、“基德”级和“斯普鲁恩斯”级导弹驱逐舰，都是代表当代驱逐舰发展水平的重要部分。

▲美国“斯普鲁恩斯”级导弹驱逐舰

“斯普鲁恩斯”级驱逐舰是美国“全球遏制战略”的产物，是美海军主力驱逐舰的第四代，也是美国第一次采用燃气轮机的驱逐舰。

美国在战后建造的驱逐舰武备配置讲究有效性，布置密度小，舰面干净利落，便于各种活动，他们对驱逐舰的抗冲击、抗破损、抗侦察、抗震动等多方面的努力，使驱逐舰的生命力居世界领先地位。

在驱逐舰的战术运用上，美国特别重视它为航空母舰编队的护舰作用。一般航母编队至少编入4艘驱逐舰，战列舰特混编队编入3艘驱逐舰，运送作战人员的编队有时达14艘驱逐舰，其行动多是远长距、远洋性的。

苏联也是能够自行设计建造驱逐舰的大国之一。其特点是发展速度惊人，舰体越造越大。苏联的“无畏”级和“现代”级驱逐舰也都是代表世界先进水平的舰级。其“无畏”级舰长164米，

你知道吗

“斯普鲁恩斯”级舰上装有卫星通信设备，这使它与整个海军战术系统紧密联系起来。舰上还装有多种先进观通设备，主要有对海搜索雷达、对海警戒雷达、目标跟踪雷达和对空搜索雷达。为了探测潜艇，还装有拖曳声呐、舰壳声呐、战术导舰系统和电子对抗系统。

▲瑞典的驱逐舰

宽19米，满载排水量8700吨，航速30节。“现代”级舰长156米，宽17米，满载排水量7300吨，航速32节。苏联注重一舰多用，想用它做什么就加装什么武器，而且数量充足。因此，其舰艇的舱面上各种武器林立，安排得很拥挤。

二、第二次世界大战后的发展

驱逐舰是第二次世界大战后建造数量多、舰艇战技术性能提高较快的舰种之一。世界上较多的国家都拥有并能建造这种中型舰艇，它成为标志各国海军实力并反映各国综合科技工业水平的舰种之一。第二次世界大战后，驱逐舰是沿着大舰体、高航速、强远洋能力、猛烈火力和高防护力的方向发展，是各国海军舰艇技术竞争的焦点之一。

排水量逐渐增大是第二次世界大战后驱逐舰发展的第一个特点。在第二次世界大战结束时，大型驱逐舰的排水量也只有3000多吨。到70年代，美、英和苏联等国的驱逐舰多数都超过了4000吨，而较新型的驱逐舰，如美国的“斯普鲁恩斯”级满载排水量7800吨，“基德”级和“伯克”级达到8300吨；苏联的“现代”级为7500吨，“无畏”级也达到了8700吨。排水量增大必然促成舰长、舰宽的增大，美“斯普鲁恩斯”驱逐舰长171.7米，宽16.8米。苏联“无畏”级舰长163.5米，舰宽18.8米。在这种猛造大型舰的竞争中，驱逐舰与巡洋舰的界线变得越来越模糊不清。

舰体越造越大，却仍要保持30节以上的航速。这对要求机动性较高的中型排水型舰艇来讲，的确是一个较大的难题。苏联满载排水量8700吨的“无畏”级舰，航速也达到了30节。各国海军为提高航速，除努力改善舰型、改良武备以减少搭载重量之外，在改进动力装置方面下了很大功夫。如，提高主机功率和增加主机台数，用燃气轮机代替蒸汽轮机，采用联合动力装置，甚至采用核动力装置。如苏联的“无畏”级舰采用4台燃气轮机作动力装置，总功率达8.826万千瓦。美国的“斯普鲁恩斯”级舰的动力装置由4台LM2500燃气轮机和3台燃气轮机发电机组成，采用双轴推进。而驱逐领舰“班布里奇”号则率先采用了核动力装置。

第二次世界大战后，各国海军普遍把驱逐舰作为参加远洋编队的舰种，再加上更多国家实施“面向远洋”的海军战略，驱逐舰的续航力也越来越大。典型舰如美国的“亚当斯”级，以20节航速航行时续航力8000海里；法国F70反潜驱逐舰在18节航速下达8500海里。增大续航力的措施大同小异，如改进动力装置以降低油耗、改进燃油性能、在保证其他舰载物的前提下加大储油量、改进舰型及实施科学的航行方法等。

▲美国“基德”级导弹驱逐舰

第2节 现代驱逐舰

现代驱逐舰是以导弹、鱼雷、舰炮等为主要武器，具有多种作战能力的中型水面战斗舰艇，是海军舰队编成中突击力较强的舰种。它主要用于攻击潜艇和水面舰船，舰队编队防空以及护航、侦察、巡逻、警戒、布雷和袭击岸上目标等。由于驱逐舰是现代海军兵力使用最广的一种军舰，其功能众多，被人们誉为军用舰艇中的“多面手”。

一、驱逐舰的种类

在现代军舰的大家族中，驱逐舰是仅次于航空母舰、巡洋舰的大型水面作战舰艇，在当今世界舰艇排行榜上位居第三，被各大国海军视为主要作战舰种，是

▲反潜驱逐舰

▲英国42型“谢菲尔德”驱逐舰

当今世界主要国家海军重点建造和装备的水面作战舰艇。驱逐舰具有续航力大、适航性能好、生存能力强、用途广泛、综合作战能力强等显著特点。现代驱逐舰装备有对海、对空和反潜等多种武器，具有较强的海上作战能力，除可执行舰艇编队和运输船队的反潜和防空等护航任务，以及支援两栖部队作战外，还可担任巡逻、侦察、警戒和封锁海区等作战任务。目前在役的驱逐舰都以导弹为主要武器，因而习惯上称之为导弹驱逐舰。

现代驱逐舰按排水量可以分为两类：一类是排水量在3000吨～5000吨级的中型驱逐舰，典型代表有英国的“42”驱逐舰、日本的“朝雾”级驱逐舰和意大利的“勇敢”级驱逐舰；另一类是排水量在5000吨～9000吨级的大型驱逐舰，如美国的“阿里·伯克”级驱逐舰和“斯普鲁恩斯”级驱逐舰，俄罗斯的“现代”级驱逐舰和“勇敢”级驱逐舰，日本的“金刚”级驱逐舰。

二、现代驱逐舰的特点

1.燃气动力作为主要动力

第一次世界大战以后到20世纪60年代初漫长的40多年中，驱逐舰的唯一动力为蒸汽动力。自20世纪60年代初苏联“卡辛”级驱逐舰采用全燃动力起，燃气轮

▲印度“德里”级驱逐舰装载的反潜直升机

机逐渐成为驱逐舰的主要动力装置。20世纪70年代以来，美、日、英等主要驱逐舰拥有国建造的驱逐舰均采用全燃联合动力或全燃交替联合动力。燃气轮机具有比功率高、机动性好、易于自动控制、维修方便的特点，从而提高了驱逐舰的可靠性，改善了舰员的工作环境。

2.普遍装载直升机

现代驱逐舰一般都装载1～2架直升机，用于远程反潜、反水雷、超视距探测和武器引导以及对海攻击等。1982年，英阿马岛海战中英国的舰载直升机在反潜和对海攻击中取得了良好的战绩，证明舰载直升机是一种有效的攻击型武器。

3.实现电子化和指挥控制自动化

随着电子技术的发展，现代驱逐舰具备了各种探测设备（如雷达、水声等），通信设备，编队级和本舰作战指挥系统PAN，各种对空、反潜和反舰等武器系统。电子系统在舰上发挥着重大作用。

4.广泛应用导弹垂直发射技术

导弹垂直发射与常规的发射架发射相比，具有发射率高、反应快、可全方位发射、重量轻、所占空间小、便于舰上布置等显著优点，为驱逐舰对付空中饱和攻击创造了必要的条件。目前驱逐舰已进入导弹垂直发射实用阶段，并实现了反舰、防空和反潜等多种用途导弹的共架发射。可以说，是否采用导弹垂直发射技术，是衡量驱逐舰水平先进程度的重要标志。

三、驱逐舰的性能指标

1.排水量

排水量是用来表示驱逐舰尺寸大小的重要指标，是指驱逐舰在水中所排开的同体积水的重量。根据阿基米德原理，一个物体在水中受到的浮力等于被它排开的水的重量，也就是与船体浸入水中体积相同的水的重量，排水量通常用吨位来表示，所谓排水量吨位是船舶在水中所排开水的吨数，也是船舶自身质量的吨数。

排水量可分为轻载排水量、正常排水量、满载排水量、超载排水量。

（1）轻载排水量

轻载排水量又称轻排水量、空载排水量，是驱逐舰本身加上船员和必要的给

▲美国海军 MK 41 垂直发射系统

养物品三者重量的总和，是驱逐舰最小限度的重量。

（2）标准排水量

标准排水量包含舰体、机器、武器装备、人员、弹药、给养、淡水，但不包含燃油、备用锅炉水的船舶排水量。为标准排水量再加上半数的燃油、备用锅炉水等，主要是出厂航行试验时的状态。

（3）满载排水量

满载排水量又称重排水量，是驱逐舰载人、载物后吃水达到最高载重线时的重量，即船舶最大限度的重量。驱逐舰在满载吃水下的排水量称为满载排水量，相应的水线为满载水线。它是标准排水量再加上燃油、备用锅炉水等。

（4）超载排水量

超载排水量又称最大排水量，为满载排水量再加上装满所有储藏空间的备用燃油、备用锅炉水时的总排水量。

2.航速

航速指驱逐舰在单位时间内所航行的里程，以海里/小时为单位，简称节，通常用计程仪测定。水面舰艇的航速一般分为最大航速、全速、巡航航速、经济航速和最小航速5种。舰艇的主动力装置以最大功率运转时达到的速度就是最大航速；舰艇的主动力装置以额定总功率运转时达到的速度就是全速；舰船巡航时常用的速度就是巡航航速，通常同型舰船会规定一种主机航速作为巡航航速；舰艇燃料消耗最小时的速度就是经济航速；舰艇的船舵能发挥操纵作用的最低速度则是最小航速。

3.自给力

自给力指驱逐舰一次装足按设计要求规定的燃料、淡水、食品（潜艇还包括氧气再生药板等），中途不补给，能连续在海上活动的最长时间。自给力是驱逐舰战术技术性能的要素之一，以昼夜为单位计量。在驱逐舰设计建造时，根据驱逐舰的使命、活动海区和战斗使用方式等因素，会在战术技术任务书中明确标定自给力。驱逐舰的自给力为10昼夜～30昼夜。

自给力是衡量舰船性能的重要指标之一，对军事作战而言更为重要，自给力的优劣决定军舰连续作战控制海域的能力，也是军舰前出远洋的基本作战指标。

第3节 未来驱逐舰的发展

自1893年英国建造了世界上第一艘驱逐舰以来，至今已有100多年的历史。驱逐舰以其相对于主力战舰价格低廉、作战任务广泛而受到各国海军的重视，发展至今已成为一种无可取代的主力战舰。

一、排水量加大

由于驱逐舰既可以全球任意海区任意海情航行，又可执行各种任务，因此，导弹武器出现后，世界各国把研制发展驱逐舰作为重点。驱逐舰的用途非常广泛，既可以作为航空母舰编队的防空和反潜护卫；又可以协同编队防空、反潜和

▲韩国的 KDX-3 “世宗大王”号驱逐舰，满载排水量 1 万吨

对海攻击；还可以为两栖编队和海上补给编队护航，在登陆作战中实施火力支援以及执行海上的巡逻警戒任务。

以反潜为主的驱逐舰，主要配置反潜直升机、火箭助飞鱼雷、鱼雷发射管、点防御对空导弹、舰舰导弹、火炮等武器；以防空为主的驱逐舰，主要配置区域防空导弹、舰舰导弹、火炮、鱼雷发射管等武器。近年来，美军已经给他们的驱逐舰安装了巡航导弹，增加了对岸攻击的任务。

二、改进驱逐舰上的武器装备

1.增强其侦测能力

由于驱逐舰对海面探测受到视距的限制，近年来，驱逐舰开始采用其他舰艇或舰载直升机上传感器的探测信息，更远的则借助于预警机和侦察卫星信息，其超视距探测有较大发展。有的驱逐舰的超视距目标探测系统，可以通过计算及处理空中、水面和水下多种相关目标数据后，得出精确的目标位置信息。有的国家在发展超视距雷达，在空中探测方面，有的驱逐舰可以依靠多功能相控阵雷达，搜索跟踪空、海目标，并对本舰导弹进行制导；在水下探测方面，加大舰壳声呐发射功率、使用拖曳线列阵声呐进行被动式探测，以增大探测距离。

2.提高电子对抗技术

现在驱逐舰装备一般都具有主被动功能的综合电子战系统，可以通过综合使用电子侦察、干扰机、干扰火箭等进行威胁预警，然后对目标进行有源干扰和无源干扰。

▲拖曳线列阵声呐

3.提高作战系统的协调性

现在的驱逐舰的作战系统是将多功能相控阵雷达、垂直发射导弹系统、各种武器火控系统、电子战系统、作战情报指挥系统更密切地结合起来，具有反应快、调度灵活、作战能力强等特点。

三、力求综合能力达到兼优

在过去舰艇设计中，往往过于追求单项指标，而忽略了其综合性能。近

▲英国 45 型隐身驱逐舰

年来建造的舰艇，则开始在其作战能力、生存能力、快速性、操纵性、适航性、隐蔽性、兼容性、居住性等方面要求综合性能兼优。例如，20世纪五六十年代设计的驱逐舰以火力、航速、电子设备、续航力和居住性的先后次序来考虑设计；但从20世纪70年代开始，设计新舰时考虑的先后次序是电子设备、居住性、续航力、武器、动力装置。

四、加强舰船的隐身性

在过去舰船设计中，都是按照有效的水动力性能设计船体形状的。直至后来，上层建筑设计才被给予特定的制约因素。为了达到雷达隐身，近年来各国新建造舰艇时都开始减小上层建筑，船体采用外飘、内倾、圆角等措施以减小雷达反射波强度。在红外隐身方面，燃气轮机采用红外抑制装置；在减小水下辐射噪声方面，舰船的主机多采用双层隔振、卸载荷和大侧斜螺旋桨等；在电磁兼容性方面，在天线和设备布置上，电子设备辐射能量和本身抗干扰能力上，电磁场强对人员、武器弹药、燃油安全性等方面，各国都已经予以密切关注。

第4节　驱逐舰集锦

驱逐舰是一种多用途的军舰，是19世纪90年代至今的海军重要的舰种之一，它用于攻击潜艇和水面舰船、舰队防空以及护航、侦察巡逻警戒、布雷、袭击岸上目标等，是现代海军舰艇中用途最广泛、数量最多的舰艇。

海上巨霸：“斯普鲁恩斯”级导弹驱逐舰（美国）

“斯普鲁恩斯”级导弹驱逐舰档案			
舰长	171.7 米	续航力	20 节 / 6000 海里
舰宽	16.8 米	最大航速	33 节
吃水	8.8 米	标准排水量	8040 吨
人员配置	339 人		

▲美国海军 DD-964“斯普鲁恩斯”级“保罗.F.大特”号

▲美国海军 DD-997“斯普鲁恩斯”级“海勒”号

“斯普鲁恩斯”级导弹驱逐舰曾一度是美国海军中的主力驱逐舰，共31艘，与“阿利·伯克”级一起，构成了美国海军驱逐舰的主战阵容。它的原型舰以反潜为主，后来为适应现代海战要求，美国海军给它加装了多型先进的武器装备和垂直发射系统，使之成为一级反潜、反舰、对地和防空能力都很强的驱逐舰。

“斯普鲁恩斯”级导弹驱逐舰的任务主要是：为航空母舰特混舰队和海上运输船队护航，对敌水面舰艇和潜艇进行监视警戒，在两栖作战中实施火力支援，实施海上封锁和对海岸攻击等。

“斯普鲁恩斯”级舰可分为反潜型、防空型和现代型，各型别舰上的武器装备按照作战任务而定。

“斯普鲁恩斯”级导弹驱逐舰具有非常好的稳定性，能经受51米/秒的横风；在横倾小于10° 的30节航速下仍可以回转；在一舱中弹破损情况下仍可经受13.9米/秒的横风。

该级舰适航性好，即使在8级以上海况下，该级舰仍具有一定的航行能力。

“斯普鲁恩斯”级不仅广泛地采用降噪技术，还具有快速转换能力，航速从12节增至全速只需53秒，在全速时能保持航向稳定和可控能力。

“斯普鲁恩斯”级导弹驱逐舰为长艏楼型，艏部具有很大的前倾度，两舷明显外飘。舰艏呈“V”形剖面，舰艉呈很宽的“U”形剖面，舰中部设有减摇鳍装置。

“斯普鲁恩斯”级导弹驱逐舰的舰体采用高强度钢制造，上层建筑由耐腐蚀铝合金制成，全舰分为13个水密隔舱，三防能力比较强。它是美国海军首次采用模块化技术建造的军舰，具有建造速度快、质量好、费用低等优点，同时也十分便于改装。

大海猛兽：“基德”级驱逐舰（美国）

“基德”级驱逐舰档案			
舰长	171.7 米	续航力	20 节 / 6000 海里
舰宽	16.8 米	最大航速	33 节
吃水	9.1 米	标准排水量	6950 吨
人员配置	346 人		

“基德”级是美国建造的一种多用途驱逐舰，于1978年开工，共建4艘。该级

▲美国海军 DDG-995“基德”级“史考特”号

▲美国海军 DDG-994“基德”级“卡拉汉”号

舰由“斯普鲁恩斯”级驱逐舰改进而来，舰体与动力系统等基本未变，但吨位更大。它结合了“斯普鲁恩斯”级的反潜战系统和“弗吉尼亚”级巡洋舰的作战系统，可以同时应付来自空中、海面和水下的攻击。在新一代“阿利·伯克”级服役前，“基德”级曾是美国海军战斗力最强大、最均衡的驱逐舰。

“基德”级驱逐舰的舰体与动力系统基本设计与“斯普鲁恩斯”级驱逐舰相同，但“基德”级驱逐舰的排水量比“斯普鲁恩斯”级舰大，这是因为它在舰体侧舷与若干重要部位增加“凯夫拉”或铝质装甲。

“基德”级与“斯普鲁恩斯”级舰最主要的区别在作战装备上，“基德”级舍弃了“斯普鲁恩斯”级舰以反潜为主的战系与武装配置，代之以类似“弗吉尼亚”级核动力导弹巡洋舰的战斗系统与防空系统。

“基德”级驱逐舰主要配备了2座mk45单管127毫米舰炮，2座“密集阵”近程防空系统；2座双臂mk10导弹发射架，可发射“标准”、“小猎犬”防空导弹和“阿斯洛克”反潜导弹；2座mk36干扰弹发射器；2座鱼雷三联装鱼雷发射管，可发射mk32鱼雷；此外还配有2架“海鹰”直升机。

“基德”级的电子设备最先包括：一部an/sps-48c3d对空搜索雷达、1部an/

sps-55平面搜索雷达、1部an/spq-9a平面追踪火控雷达、2部an/spg-51d照明雷达和1套an/slq-32（v）2/3/5电子战系统以及一套ntds海军战术数据系统，舰艏有一部an/sqs-53a/d声呐。

20世纪90年代，由于新一代“阿利·伯克”级宙斯盾驱逐舰大量进入美国海军服役，“基德”级驱逐舰随后在1998—1999年陆续提前除役封存。后来，“基德”级驱逐舰被意大利、台湾海军所订购。

典范之作：“阿利·伯克”级驱逐舰（美国）

“阿利·伯克”级驱逐舰档案			
舰长	153.8 米	续航力	20 节 / 4400 海里
舰宽	20.4 米	最大航速	32 节
吃水	9.9 米	满载排水量	8422 吨
人员配置	368 人		

世界上第一艘装备“宙斯盾”系统并全面采用隐形设计的驱逐舰是美国的“阿利·伯克”级驱逐舰。它具有高度智能化的武器装备、电子装备，作战能力

▲美国海军 DDG-109“阿利·伯克”级“贾森·邓汉”号

全面，可以对陆、对海、对空和反潜。“阿利·伯克”级驱逐舰代表了美国海军驱逐舰的最高水平，是当代水面舰艇当之无愧的“代表作”。

“阿利·伯克”级驱逐舰采用了一种少见的宽短线型，长宽比只有7.5。这种线型使得它具有极佳的适航性、抗风浪稳定性和机动性，从而可以在恶劣海况下保持高速航行，其横摇和纵摇都极小。

▲“阿利·伯克”级导弹驱逐舰 MK45-2 型 127mm/54 舰炮

“阿利·伯克”级驱逐舰的隐身性能相当良好。这是因为：第一，“阿利·伯克”级驱逐舰的舰体和上层建筑均为倾斜面，可以大幅度减弱回波信号；第二，在它的烟囱的排烟管末段安装有红外抑制装置，可以降低红外辐射量；第三，“阿利·伯克”级驱逐舰的机舱段的舰体外表装设有“气幕降噪”管路，可以大幅度降低辐射噪声。

▲SPY-1D 相控阵雷达

“阿利·伯克”级驱逐舰的作战和通信中心都在主舰体内，重要舱室都敷设了“凯芙拉”装甲；全舰装设了三防用的过滤通风系统；所有舱室都采取增压措施，重要系统均有抗冲击加固，能经受水下和空中爆炸的冲击效应。这种种措施提高了“阿利·伯克”级驱逐舰的生命力，可以减轻战损和在战损情况下保持战斗力。

“阿利·伯克”级驱逐舰的“宙斯盾”系统是它最与众不同的地方。“宙斯盾”系统包括：SPY-1D相控阵雷达、SPG-62防空导弹火控雷达、MK-41导弹垂直发射系统、UYK-43计算机、MK-2显示系统、MK-34火炮武器系统、轻型机载多用途系统及全球定位系统。SPY-1D相控阵雷达是“宙斯盾”系统的核心，它的天线由4块八角形的固定式辐射阵面构成，工作时借助于计算机对各阵面上的发射单元进行360° 的相位扫描，它不仅速度快、精度高，而且可以同时搜索和跟踪上百个空中和水面目标。除此之外，SPY-1D相控阵雷达的工作参数可以迅速变换，具有极强的抗干扰能力，还能消除海面杂波的影响，可以有效探测掠海飞行的超低空目标。

尖端之舰：DDG1000驱逐舰（美国）

DDG1000驱逐舰档案			
舰长	183.0米	最大航速	30节
舰宽	24.1米	标准排水量	1.45万吨
吃水	8.4米		
人员配置	140人		

美国海军目前正在研制一种全新的隐形战舰——DDG1000驱逐舰。该舰行动起来几乎悄无声息，雷达几乎探测不到它。该舰是为控制浅海区域而设计的，每

艘耗资达2.3亿美元。

DDG1000驱逐舰出众的攻击和防护能力令人刮目相看，该舰的2座155毫米舰炮可依靠全球定位系统，在30分钟内发射600枚远程地面攻击炮弹，散布在舰上的80个垂直发射装置还可发射“战斧”式巡航导弹或其他导弹，大大增强了该舰的攻击力量。为加强保护，DDG1000驱逐舰还安装了新型双波段雷达系统，该雷达系统甚至可以对小艇上的恐怖分子进行定位。另外该舰呈圆形的前端还安装了灵敏的声呐组，可以精确探测水下雷区。

DDG1000驱逐舰的设计人员为该舰的发动机设计了厚达1英寸的橡皮“外衣”，这样就消除了发动机的噪声。该舰的外形设计也独具匠心。它的各种通信设备都嵌入了甲板表面，舰身设计成向内倾斜的平面，这一点与大多数战舰的向外倾斜相反。这种设计能有效减少舰身的雷达有效反射面积。据介绍，该舰在雷达屏幕上显示时就像一条小渔船。

与“阿利·伯克”级导弹驱逐舰比较，DDG1000水面火力和反舰导弹能力提高了3倍，雷达辐射面减少到了1/50，防空能力提高了10倍，近海作战能力（包括扫雷能力）提高了10倍。

DDG1000驱逐舰是美国海军的第一级适应对陆攻击和夺取濒海优势的多用途水面战斗舰只。它的使命是提供可承受的、可靠的、独立的前沿存在和威慑手段，并作为海军的、联合或混合的海上力量的所必需的完整部分使用。DDG1000驱逐舰将提供先进的对陆攻击能力以支援陆上作战，并将在濒海行动中贡献其海军的、联合的或混合的作战空间优势。

海战结晶："谢菲尔德"级驱逐舰（英国）

"谢菲尔德"级驱逐舰档案			
舰长	125 米	续航力	18 节 / 4000 海里
舰宽	14.3 米	最大航速	29 节
吃水	4.2 米	标准排水量	4100 吨
人员配置	253 人		

"谢菲尔德"级驱逐舰是英国建造的主要装备防空武器的导弹驱逐舰。它是一级以防空为主的多用途导弹驱逐舰，其使命主要是用于航母编队或其他作战编

▲被阿根廷机载反舰导弹击沉的“谢菲尔德”号

队的护航。首舰“谢菲尔德”号于1975年建成服役，在1982年的马尔维纳斯群岛战争中，首舰“谢菲尔德”号被阿根廷机载反舰导弹击沉。

“谢菲尔德”级驱逐舰主要用于特混编队的区域防空，同时具有很强的反潜和对海作战能力，既可作为海军特混编队的成员，又可独立作战。

“谢菲尔德”级驱逐舰共分三个批次，分别为Ⅰ、Ⅱ、Ⅲ。“谢菲尔德”级驱逐舰的具体任务是：担负航母编队的防空和反潜护卫任务；担负其他作战编队的防空和反潜护卫任务；对岸作战中的舰炮火力支援；执行警戒、封锁、救援等任务。

首舰“谢菲尔德”号驱逐舰为高干舷平甲板型的双桨双舵全燃动力装置驱逐舰。船体线型按在静水和风浪中具有最佳的巡航速度和最高航速设计的。主船体由主横隔壁划分为18个水密舱段，舰内设两层连续甲板。

马岛海战之后，英国海军吸取马岛海战教训改进了该级舰的防空、防火和作战指挥能力。对空作战能力的改进体现在：Ⅰ、Ⅱ批舰上的965R远程对空警戒雷达由新的1022型雷达替代，性能得到很大的提高，除了自动目标显示以外，增加了频率捷变和脉冲压缩技术；1986年后，992Q-卢程海空警戒目标指示雷达由一部996型中程轻型多功能三坐标雷达替换，996型雷达设计灵活、适应性强，采用了大功率发射、宽波段频率捷变、脉冲压缩、先进的信号处理和模块化结构等技术；加装了2座～4座20毫米机关炮和2套美国的MK15型6管20毫米“密集阵”近程武器系统；改进电子战系数，采用UUA-2（或UAT-1）电子侦察系统、670型或675（2）型干扰机和“海蚊”干扰火箭组成了综合的快速反应电子战系统。防火能力的改进体现在：改进损管系统；使用阻燃和无毒的电缆。作战指挥能力的改进体现在1996年在Ⅲ批舰“爱丁堡”号装备了JTIDS联合战术信息分配系统，1998年开始装备其他的Ⅱ批舰和Ⅲ批舰。

潜艇杀手：“英格兰”号驱逐舰（美国）

“英格兰”号驱逐舰档案			
舰长	91.8 米	最大航速	24 节
舰宽	11.1 米	标准排水量	1400 吨
吃水	3.2 米		

在第二次世界大战中，海战起主导地位的是航空母舰、巡洋舰、战列舰。在那个时代里，一艘小小的驱逐舰的服役本来就是一件很平常的事情，也不会引起人们的注意。但是有这么一艘驱逐舰却与众不同，它是以一名普通的海军少尉的名字命名的。

第二次世界大战的战场上有数十万美军在奋战，其中有一名叫约翰·查尔斯·英格兰的海军少尉，他出生于1920年12月11日，1940年9月6日加入美国海军后备役。1941年6月6日成为现役海军军官，军衔少尉。9月3日，到“俄克拉荷

▲美国 DE635“英格兰”号驱逐舰

▲“巴克利”级驱逐舰

马”号战列舰上执勤，驻扎在夏威夷珍珠港。1941年12月8日，日本向珍珠港内的美国太平洋舰队发起突袭，“俄克拉荷马”号身中两枚鱼雷和数枚炸弹，不久后沉没。英格兰少尉不幸成为了舰上几十名遇难者之一。

英格兰少尉阵亡后，他的母亲满怀悲伤之情，在国内发起了一个捐资造舰的行动。她积极地在民间募捐，她的目标是用这笔资金为美国海军建造一艘新的战舰。最后她本人也捐助了一笔不小的款项。

1942年，美国海军当局决定用这笔募捐来的资金建造一艘新的护航驱逐舰。1943年9月26日，舰体建成，在旧金山下水；1943年年底军舰全部建成，装备给了英格兰少尉生前所在的太平洋舰队。舰队用英格兰少尉的名字命名了这艘新的护航驱逐舰，该舰正式的舷号是DE635。

“英格兰”号属于“巴克利”级驱逐舰，是“埃瓦茨”级舰的改进型，除了加长舰体外，该级舰改用涡轮发电机做动力并加装鱼雷发射管。与“埃瓦茨”级舰一样，“巴克利”级舰也有很大一部分租借给英国皇家海军使用，连同“埃瓦茨”级舰，这些护航驱逐舰在英国被统称为“海军上将”级护卫舰，皆以英国历史上海军统帅的名字命名。

“英格兰”号武器系统非常强大，装备有3座76毫米口径火炮，1座四联装25毫米口径机关炮，8门20毫米口径炮，2具533毫米口径鱼雷发射管。1具多管助推深水炸弹发射器——刺猬弹，8具深水炸弹投掷器，1具深水炸弹跟踪仪。

"英格兰"号的动力系统是两台通用电力公司的TE型锅炉，单台功率1200马力，可以存储油料378吨。

战舰勇士："勇敢"级45型驱逐舰（英国）

"勇敢"级45型驱逐舰档案			
舰长	152.4米	续航力	18节／7000海里
舰宽	21.2米	最大航速	27节
吃水	5.3米	标准排水量	7350吨

英国海军45型计划受益于"地平线"护卫舰计划完成的工作，比如主动防空导弹系统（PAAMS）、武器系统和船舶的一些内部的体系结构。

英国海军于2003年3月开始建造"勇敢"级的首舰HMS（英国皇家海军舰船）"勇敢"号，2007年，"勇敢"号进入英国海军服役；2009年，第二艘HMS"不屈"号和第三艘HMS"金刚石"号先后进入英国海军服役；随后的三艘

“勇敢”级45型驱逐舰已经被命名为HMS“天龙座”号、HMS“保卫者”号和HMS“邓肯”号。

英国海军“勇敢”级45型驱逐舰的排水量达到约8000吨，最高速度高于27节，航程超过7000海里。它的主要任务是提供局部区域舰队防御，使用远程雷达和具有广泛的区域防空能力。“勇敢”级45型驱逐舰也可以发挥指挥舰的作用，它的战斗系统有能力管理飞机和特混舰队的联合防空战斗操作。“勇敢”级45型驱逐舰装备的武器系统能拦截各种空中威胁，同时，它也配备近战武器系统，以便用于末层防御。

英国海军“勇敢”级45型驱逐舰主要武器系统是由法国、意大利和英国3个国家合作开发的主动防空导弹系统。它的防空导弹主要是具有相当的机动性的中程“阿斯特”30型防空导弹。

首批的3艘英国海军“勇敢”级45型驱逐舰的主动防空导弹系统配备了由法国舰艇建造局设计的DCNSylverA50垂直发射装置。为了提高武器装备的兼容性，第二批建造的“勇敢”级45型驱逐舰的垂直发射系统将采用美制MK41系统，可发射“战斧”巡航导弹、“标准”2增程型和“标准”3A战区防御型导弹。

“勇敢”级45型驱逐舰的动力系统仅使用2台先进的WR-21循环燃气轮机发

动机，热交换器使用中间冷却器和回流换热器（ICR），节约有效空间和燃料。回流换热器能够从废气中补偿能量去增加燃料效率。每台发动机提供25兆瓦动力。

2006年2月1日，英国45型驱逐舰首艘“勇敢”号自亚罗船厂下水后不久，英海军开始对45型驱逐舰进行重大改进，使它成为不但具有强大防空能力，又具有强大近海作战能力和对陆纵深打击能力，同时兼备反舰、反潜能力的多功能战舰，成为英海军“全球舰队”中的“全能武士”。

据英海军官员声称，经过改进的45型驱逐舰未来既可作为英“全球舰队”的主要成员之一，亦可单独使用。45型驱逐舰配备的主要防空导弹系统具有强大的防空能力，可以支援在沿海和内地作战的联合远征部队，同时它还可提供区域、局部区域和点防御能力。作为一个可能单独使用的作战平台，45型驱逐舰有防空、反舰、反潜和对陆攻击的全面作战能力。

舰母杀手：“现代”级驱逐舰（苏联）

“现代”级驱逐舰”档案			
舰长	171.7 米	续航力	20 节 / 6000 海里
舰宽	16.8 米	最大航速	33 节
吃水	5.8 米	标准排水量	8040 吨
人员配置	339 人		

“现代”级导弹驱逐舰是苏联海军在20世纪七八十年代冷战高峰期间，为了抗衡美国海军而建造的高性能水面作战舰艇，属于第三代驱逐舰。该级舰的主要任务是为编队护航，担任对海、对空作战任务，攻击敌航母及其他大中型水面舰艇，在两栖作战中实施火力支援、保卫海上交通要道等。

“现代”级使用当时最先进的技术，特别是配备的“耀斑”超音速反舰导弹是舰上的利器，导弹射程为120千米，舰上两舷装有2座四联装发射器。西方称这种导弹是“航空母舰杀手”。

1970年由苏联北方设计局设计，1976年完成施工设计后，首舰“现代”号交由列宁格勒日丹诺夫船厂建造，1978年11月下水，1980年12月建成服役。最后一艘1994年服役，共建成19艘。

“现代”级艏艉甲板各有1座双联130毫米舰炮。舰上层的建筑分为艏、艉两部分，艏楼两侧各有1座四联装反舰导弹发射筒，其前方突出部分配备1座悬臂式舰空导弹发射架。艏楼顶部的球形雷达天线十分明显。三坐标雷达天线呈草帽状斜挂于主桅之上。艉楼为烟囱，其后设有一低桅，后为直升机平台。

“现代”级驱逐舰的武器系统主要由反舰作战武器、对空作战武器、反潜作战武器三个部分构成。反舰是“现代”级的主要使命，由SS-N-22舰舰导弹、双管130舰炮、鱼雷发射系统和6管小口径舰炮系统组成远、中、近三个层次的反舰作战系统，既能远距离攻击敌方航母等重要编队，又能近距离打击中小水面舰艇；防空反导是“现代”级的第二位使命，在编队中承担中程防空的任务。它的SA-N-7舰空导弹、双管130毫米口径舰炮、6管小口径舰炮和干扰火箭等组成多层次的软、硬杀伤对空防御系统。舰上还装有电子侦察干扰系统和10座干扰火箭，诱骗来袭导弹；“现代”级强调编队中的系统作战效能，因而本舰反潜能力相对较弱，只装备中频舰壳声呐，由533毫米反潜鱼雷和射程1000米的反潜火箭构成中、近程两个层次的反潜火力。另外舰上载有1架卡-27直升机，主要用于超视距目标指示。

反潜精英："无畏"级驱逐舰（苏联）

"无畏"级驱逐舰档案			
舰长	162.0 米	续航力	18 节 / 4000 海里
舰宽	19.3 米	最大航速	30 节
吃水	6.2 米	满载排水量	8700 吨
人员配置	249 人		

"无畏"级驱逐舰是俄罗斯大型反潜舰。大型专用反潜舰是苏联海军的一大特色，其他国家十分少见。这既有战略思想的不同，也有技术方面的原因。苏联海军的"现代"级驱逐舰侧重于反舰，而"无畏"级主要用于反潜，因此它要与"现代"级配合使用，由"无畏"级和"现代"级分任反潜、反舰重任。它的排水量要比"现代"级大一些，是当时苏联海军现役驱逐舰中排水量最大的，因此它是苏联海军驱逐舰中的反潜"老大"。

“无畏”级舰1972年10月通过设计论证，是“克列斯塔”Ⅱ级舰的替代舰，定型为大型反潜舰。首舰“无畏”号1980年服役，共建12艘，最后1艘“潘杰列耶夫海军上将”号于1991年7月服役。

“无畏”级驱逐舰是对“克列斯塔”Ⅱ级反潜巡洋舰进行改进而成的。它汲取了西方国家的设计思想，改变了以往缺乏整体思路、临时堆砌设备的做法，使舰体外形看上去整洁利落。“无畏”级驱逐舰全舰结构趋于紧凑，布局简明，舰前部主要集中有防空、反潜装备，中部为电子设备，后部为直升机平台。其重要舱室都有密闭式的防护系统，可以防止外界受污染的空气进入。

“无畏”级驱逐舰上有8个导弹发射舱，每舱有8枚导弹，射程15千米，速度2马赫。它具有拦截掠海飞行目标的能力以及一定的抗饱和攻击能力。“无畏”级驱逐舰的舰上共有2套控制系统，每套系统可同时引导8枚导弹对付4个空中目标；其末端防御系统为4座AK-630型6管30毫米炮，射速3000发/分。

在雷达安装方面，“无畏”级驱逐舰的对空雷达安装有1部三坐标“顶板”雷达和1部“双柱”对空搜索雷达；它的对海搜索雷达为“棕榈叶”；火控雷达为2部用于SS-N-14反潜导弹的“眼球”、2部用于SA-N-9防空导弹的“十字剑”、1部用于100毫米炮的“鸢鸣”和2部用于30毫米炮的“椴木树”。

“无畏”级的电子设备是2部“足球B”电子对抗/支援系统、6部“半杯”激光报警系统，另有8座PK-10干扰火箭发射器。

日本名舰：“阳炎”级驱逐舰（日本）

“阳炎”级驱逐舰档案			
舰长	118.5 米	续航力	18 节 / 5000 海里
舰宽	10.5 米	最大航速	35 节
吃水	3.8 米	标准排水量	2001 吨
人员配置	228 人		

“阳炎”级驱逐舰是日本摆脱条约约束后完全按照日本海军建设思路设计生产的一种舰队驱逐舰。在第一次世界大战期间，日本海军建造了“阳炎”级驱逐舰。“阳炎”级驱逐舰与特型驱逐舰的尺寸、吨位大致相同，武备十分强大，超过以往的所有驱逐舰，续航力达到18节/5000海里，并且其鱼雷攻击的成功率非常高。

“阳炎”级驱逐舰是日本总结数十年驱逐舰建造经验教训的结果，它具有良好的稳定性，各方面比较平衡，是当时典型的舰队驱逐舰之一。

“阳炎”级驱逐舰的舰艏轮廓继续采用日本驱逐舰惯有的飞剪式舰艏、高干舷、短艏楼。“阳炎”级驱逐舰的动力系统采用三座燃油锅炉，两座蒸汽轮机，主机输出功率5.2万马力，设计最大航速35节。它提高航速的方法是改进了螺旋桨外形以提高效率——加大了桨叶直径，部分改良了桨叶面的外形。后来，日本海军更是加大了“阳炎”级驱逐舰的螺旋桨的桨叶面积，使得航速提高到约36节。

“阳炎”级驱逐舰延续了先前日本海军驱逐舰的设计思想，强调对舰攻击能力。武备方面，“阳炎”级驱逐舰装有新研发的联C型双联装127毫米/50倍口径炮3座、舰艏1座、呈背负式的舰艉2座。“阳炎”级驱逐舰上的炮塔重31吨，除此之外，还装备有92式四联装610毫米口径鱼雷发射管2座，备鱼雷16枚。“阳炎”级驱逐舰有快速再装填设施，是93式氧气鱼雷设计中就计划装备上舰的第一级驱逐舰。另外，“阳炎”级驱逐舰还装备双联装25毫米高射炮2座、深水炸弹发射架1座、水雷导轨6条、扫雷具1具、3式声呐以及主炮用94式两米测距仪和鱼雷用91式3型方位测定仪、92式射击指挥仪。1943年，“阳炎”级驱逐舰又陆续开始安装一号3型（13）对空雷达和二号1型（21）对海雷达。

1942—1943年，大部分“阳炎”级驱逐舰拆除1座后主炮塔，同时，它的25毫米高射炮增至14座；日本海军还用4座深水炸弹投掷器代替了舰艉的布雷与扫雷具。1944年，“阳炎”级驱逐舰上的25毫米高射炮增至28座，另外加装12.7毫米高射机枪4座。

岛国战舰：“榛名”级驱逐舰（日本）

“榛名”级驱逐舰档案			
舰长	153.0 米	续航力	20 节 / 7000 海里
舰宽	17.5 米	最大航速	31 节
吃水	5.2 米	标准排水量	4950 吨
人员配置	370 人		

“榛名”级驱逐舰是日本海上自卫队建造的第一种大型反潜驱逐舰，它的服役使日本成为了世界上最早装备直升机驱逐舰的国家。日本海上自卫队也以“榛名”级驱逐舰为核心组建了著名的“八八舰队”，这也成为日本海上力量重新崛起的重要标志。

“榛名”级舰上可搭载3架10吨级的大型直升机，搭载能力甚至超过了意大

利“维内托”级直升机巡洋舰，因为后者只能搭载6架3吨级的小型直升机。为了空出必要的空间，“榛名”级将舰炮和导弹发射装置安排到了舰体前部。此外，“榛名”上装有从加拿大引进的“捕熊阱”拉降装置，可确保直升机在5级海况、船体横摇20°的情况下安全起降。

“榛名”级舰上最主要的反潜武器是舰载的SH-60J“海鹰”反潜直升机，该机可携带反潜鱼雷等多种反潜武器，续航时间达到4小时12分，可对50海里范围内的潜艇进行连续攻击。此外“榛名”级还装有“阿斯洛克”反潜导弹发射装置和2座68型鱼雷发射装置，前者可以攻击20千米内的敌方潜艇，后者单枚命中就可让一艘3000吨级的潜艇重伤或沉没。在对空防御方面，除了2座127毫米舰炮外，“榛名”级没有其他的防空武器系统。为了增强防空能力，1986年开始对“榛名”级进行了现代化的改装，加装了1座八联装“海麻雀”防空导弹发射装置和2座“密集阵”近程防御系统。对舰攻击方面“榛名”级也只能依靠自己射程只有24千米的单管127毫米舰炮。

“榛名”级首舰“榛名”号服役之后一直是日本自卫队护卫编队的旗舰。舰上设有专门的舰队司令办公室、作战情报指挥系统、数据链、卫星通信系统等，可与日本海上自卫队的P-3C反潜巡逻机、航空自卫队的E-2C预警机、其他护卫舰艇联系，以加强协同作战和控制指挥能力。这种天生的指挥舰功能是普通驱逐舰所不具备的。

神圣之风：“神风”级驱逐舰（日本）

“神风”级驱逐舰档案			
舰长	102.4 米	续航力	14 节 / 3600 海里
舰宽	9.75 米	最大航速	37 节
吃水	3.1 米	标准排水量	1270 吨
人员配置	148 人		

“神风”级驱逐舰最初仅以数字加以区别，直到1928年才有了名字。该级舰均以“风”命名。“神风”意为“神圣之风”。日本海军在1921—1922年间订购了9艘“神风”级驱逐舰，实际上是组建了一支区别之前的峰风级驱逐舰的第二集群。这些舰艇是日本帝国海军第一种采用镀钢方式加固舰桥的驱逐舰。这使舰身重心提高，但增加了的排水量和略微加宽的船幅（船体的最大宽度）抵消了这一点。

在驱逐舰设计方面，日本人极富创新性，他们在20世纪20年代建造的一些驱逐舰的设计和武器装备均处于世界前列。驱逐舰的主炮第一次安装在了封闭式炮塔内，在后来的设计中炮管仰角达75°，可进行有效的防空作战。日本的驱逐舰还安装了一座24英寸鱼雷发射管，这被视为战舰的最高机密。

该级战舰在第二次世界大战中战果累累。1944年，四艘“神风”级驱逐舰被美军潜艇击沉；另有一艘在盟军对特鲁克群岛的空袭中沉没。“神风”号是同级

▲“神风”级驱逐舰“疾风”号

中唯一在战争中幸存下来的战舰，1945年在新加坡投降。1946年6月，该舰在一处暗礁搁浅，被就地拆解。

东瀛金刚："金刚"级驱逐舰（日本）

"金刚"级驱逐舰档案			
舰长	161.0 米	续航力	20 节 / 4500 海里
舰宽	21.0 米	最大航速	30 节
吃水	6.2 米	标准排水量	7250 吨
人员配置	300 人		

"金刚"级导弹驱逐舰是世界上第二个拥有先进的"宙斯盾"系统的水面舰艇（第一个拥有"宙斯盾"系统的水面舰艇是美国的"阿利·伯克"级驱逐舰），同时也是日本海上自卫队在第二次世界大战后建造的吨位最大、火力最强、性能最优的驱逐舰。"金刚"级导弹驱逐舰出现的原因是日本海上自卫队急需加强其"八八舰队"的防空能力，拥有出色防空能力的"宙斯盾"级驱逐舰自

▲日本海上自卫队"金刚"级 DD174"雾岛"号"宙斯盾"驱逐舰

▲DD173“金刚”号“宙斯盾”驱逐舰

然成为最好的选择。

“金刚”级导弹驱逐舰在指挥系统和武器装备上与美国海军的“阿利·伯克”级驱逐舰大致相同，但舰体却采用了日本的设计。“金刚”级导弹驱逐舰比“阿利·伯克”级驱逐舰的吨位更重、航程更远，是日本海上自卫队的核心舰只。

“金刚”级导弹驱逐舰的首舰“金刚”号（DD173）于1990年开工，1991年下水，1993年正式服役。随后是“雾岛”号（DD174）、“妙高”号（DD175）、“鸟海”号（DD176）相继服役。后来，日本海军又制造了“金刚”级驱逐舰的改进型“爱宕”号，并于2007年交付使用。

“金刚”级导弹驱逐舰的上层建筑多为倾斜面，这样的设计不仅有利于确保SPY-1D雷达的后方视域，同时也有利于提高全舰的隐身性。此外，“金刚”级导弹驱逐舰还采用了诸如降低主辅机的震动和噪声、减少螺旋桨转数、改进排烟方式等措施来提高自身的隐身性。为了保证“金刚”级导弹驱逐舰的防护和生存能力，除了烟囱和舰桅是铝合金材料以外，“金刚”级的舰身都使用了高碳镍铬钼钢，特别是暴露在主舰体之外的战斗部位，能够有效抵抗冲击。

反潜不是该级舰的主要任务，舰上未设直升机库，仅有起降平台。它的反潜

作战由垂直发射的16枚“阿斯洛克”完成，最大射程20千米。另外，在舰后部两舷设有2座HOS-301C型三联装短管鱼雷发射管，首次实现了舰内遥控操作。

“金刚”级导弹驱逐舰全盘引进了美国尖端的“宙斯盾”系统，它包括SPY-1D相控阵雷达和MK-2决策系统、MK-8武器控制系统、MK-7快速反应系统、MK-41垂直发射系统、MK-99末端照射雷达等。SPY-1D探测距离半球方式时为324千米，水平线方式时为83千米，可同时对154个空中和海面目标进行探测、识别和跟踪，具有速度快、精度高、容量大、距离远等优点，是目前世界上最先进的防空体系。此外，它还装有OPS-28C对海搜索雷达、OPS-20导航雷达和日本国产23式火控雷达（用于127毫米炮）等。

“金刚”级导弹驱逐舰的电子设备有作战指控OYQ-6战术情报系统和NTDS海军战术数据系统，并拥有11号、14号、16号数据链。反潜作战由OYQ-102情报处理系统和OQA-201水下攻击指控系统。电子战为NOL-Q-2电子支援/对抗系统。另有1部日本国产4型拖曳式鱼雷诱饵。

后来居上：“高波”级驱逐舰（日本）

“高波”级驱逐舰档案			
舰长	151.0 米	续航力	20 节 / 6000 海里
舰宽	17.4 米	最大航速	30 节
吃水	5.3 米	标准排水量	4650 吨
人员配置	170 人		

在日本“九·九”舰队所编的5艘多用途驱逐舰中，“高波”级驱逐舰是一种主力多用途驱逐舰。“高波”级驱逐舰的首舰的标准排水量为4560吨，但是为了拓展远洋作战能力，日本海军便不断想办法增加它的排水量，从而提升这种多用途驱逐舰的耐波性、远洋性、自动化及综合作战能力。据记载，后续服役的“高波”级驱逐舰的标准排水量增加到6300吨。

“高波”级驱逐舰的动力配置十分适合远洋作战，它配有4台主发动机组成的复合全燃推进系统，双轴推进，全舰的总功率达到44.1兆瓦，可充分满足远洋作战的需要。“高波”级驱逐舰还使用特殊螺旋桨以降低转速，从而使水中噪音大幅下降，有利于进行反潜作业。除此之外，“高波”级驱逐舰上还装有3部发电机，其功率为1.5兆瓦，其中1部是备份系统。日本海军还为“高波”级驱逐舰的配电盘室兼IC室进行了重叠设计，从而提高了战舰的抗损性，最大限度地保证战时被击中后，战舰仍能具备一定的作战能力。

“高波”级驱逐舰的防空能力相当强，它装备新型防空雷达，从而使得它搜捕空中目标的能力大大加强。

“高波”级驱逐舰最大的武备改进是取消了MK48垂直发射装置，扩充了MK41垂直发射装置，增加了武器配备灵活性。它发射的新型“海麻雀”防空导弹，不仅增大了射程，还能拦截马赫数为2的掠海反舰导弹。“高波”级驱逐舰的MK41垂直发射系统不仅能发射“捕鲸叉”反舰导弹，还可发射“战斧”巡航导弹。

拥有强大对陆打击火力是“高波”级驱逐舰最突出的特点。“高波”级驱逐

舰上的“奥托”127毫米炮与可发射巡航导弹的导弹垂直发射系统十分有利于打击陆上点状目标，以支援登陆作战。

名扬天下：“KDX-3”级导弹驱逐舰（韩国）

“KDX-3”级导弹驱逐舰档案			
舰长	165.9 米	续航力	30 节 / 6000 海里
舰宽	21.0 米	最大航速	30 节
吃水	6.3 米	标准排水量	7000 吨
人员配置	300 人		

“KDX-3”级具备了当今世界上先进防空驱逐舰的典型特点。该级舰首次亮相是在2008年10月举办的“韩国2008年海军国际观舰式”上，该级舰“世宗大王”号担任海上分列式的引导舰。

“KDX-3”级导弹驱逐舰装备美国海军最先进的“宙斯盾”7.1版本，7.1版“宙斯盾”系统的改进项目包括辅助传感器、弹道导弹防御系统和先进的计算机处理系统等，并增加了AN/SQQ-39水下作战子系统（集成了洛克希德·马丁公司

研制的远程猎雷系统）。AN/SPY-1D（V）雷达系统可通过自动适应雷达控制模式，具有从地杂波中提取出目标信号的能力，从而增强了舰艇在濒海环境中的作战性能，能对巡航导弹和其他威胁作出快速反应。

▲ “KDX-3”级驱逐舰位于主炮后面的6座8单元MK41导弹垂直发射系统

“KDX-3”级驱逐舰在舰艏安装了1座美制MK45Mod4型127毫米62倍口径主炮。全舰装有128单元垂直发射单位，主炮后面的甲板下安装6座8单元MK41导弹垂直发射系统，4座8单元MK41垂直发射装置位于直升机库后上方，主要用于发射美制配用RIM-66“标准”-2MR Block Ⅲ B、RIM-156“标准”-2ER BlockⅣA型舰空导弹；韩国自行研制的6座8单元垂直发射装置位于直升机库的前上方，其中32单元装填“天龙”对陆攻击巡航导弹，另外16单元装填“红鲨”反潜导弹。

主要反舰武器为两座烟囱之间布置的4座韩国国产4联装反舰导弹发射装置，备有16枚韩国国产SSM-700K“海星”舰舰导弹，也可以发射美制“鱼叉”舰舰导弹。在舰桥前平台和直升机库前面的平台上分别布置有1座MK.31 Block Ⅰ“拉姆”近程舰空导弹系统和1座SGE-30“守门员”近程防御武器系统，可对从舰艏、舰艉及舰体两侧来袭空中目标实施全方位拦截。

“KDX-3”级驱逐舰各安装1座三联装324毫米鱼雷发射管在前段上层建筑的两舷上。韩国国产“蓝鲨”轻型鱼雷是最佳的选择。“蓝鲨”鱼雷长2.7米，弹径319毫米，全重280千克，最大航速超过45节，既可从水面舰艇上发射，也可从P-3C“猎户座”海上监视巡逻机上发射。除此之外，“蓝鲨”鱼雷上还装有可以主动发射声波的声呐系统并能对目标进行探测及定位以及可以破坏双壳潜艇艇壁的定向爆破弹药。

多种使命："德里"级驱逐舰（印度）

"德里"级驱逐舰档案			
舰长	163 米	续航力	18 节 / 5000 海里
舰宽	17 米	最大航速	32 节
吃水	6.5 米	标准排水量	6700 吨
人员配置	360 人		

"德里"级导弹驱逐舰是印度迄今为止自行建造的最大战舰。该级舰的使命是保卫印度领海、岛屿和200海里专属经济区的安全，确保印度的海上贸易自由。因此，"德里"级导弹驱逐舰担负着反潜、防空、反舰等多种使命与任务，它将与印度海军的航空母舰一起构成水面舰艇编队的核心力量，是印度海军向远洋迈进的重要一步。印度海军对"德里"级导弹驱逐舰的要求是：能够执行在中、近海单独或与其他兵力协同消灭敌水面舰艇和登陆运输船队，能够参加反潜行动，破坏和压制敌岸上目标等行动。

"德里"号的舰艏有一门AK-100型100毫米舰炮，用于对付水面和岸上目标，射速60发/分钟，射程15.2千米（8.2海里）。舰炮后方是一座舰空导弹单臂发

射架，用来发射SA-N-7舰空导弹。发射架下有一个旋转弹舱，可以存放24枚导弹。SA-N-7导弹最大射程30千米，是“德里”号的主要防空武器。“德里”号在舰艉还有一座舰空导弹单臂发射架。印度打算将来用“三叉戟”防空导弹替换SA-N-7。“三叉戟”由印度自行研制，射程50千米，已于2001年服役。舰空导弹发射架的后方，有两座RBU-6000型12管反潜火箭发射架，射程6000米，火箭弹的战斗部重31千克。

舰桥上方有两部火控雷达：前方近似于板状的是“板片”火控雷达，用来控制舰舰导弹；后方圆形的是“鸢声”火控雷达，用来控制100毫米舰炮。舰桥两侧的主甲板上，分别有2座KT-184四联装发射装置，用于发射SS-N-25反舰导弹。这种导弹从发射到目标区用惯性制导系统制导，末段用主动雷达寻的系统制导。导弹的飞行速度为0.9马赫，最小射程5千米，最大射程130千米，弹头重145千克。舰上所载16枚导弹可连续发射，两枚之间的间隔仅为一秒。据俄罗斯军工人士称，这种亚音速导弹是该级别中最好的一种，性能优于美国的“鱼叉”。舰桥后方的主桅杆上，集中了“德里”号的大部分电子装备。桅杆顶部是“半盘”对空对海搜索雷达，下方的横桅上是导航雷达，主桅杆两侧则有4部“前罩”火控雷达，用于制导SA-N-7舰空导弹。

“德里”号采用混合动力系统，包括2台AM–50燃气轮机和2台KVM–18柴油机，总功率63920马力，双轴双桨。这套动力系统的两个烟囱分别位于主桅杆和后桅杆的后面。在前烟囱与后桅杆之间，有一座五联装PTA533鱼雷发射装置。这种发射装置除发射533毫米鱼雷外，还可以发射SS–N–15“海星”或SS–N–16“种马”反舰导弹。SS–N–15的最大射程是50千米，SS–N–16的最大射程是120千米。

在后桅杆的后面，依次是后烟囱、后部舰空导弹发射架、直升机机库，机库内可以搭载2架“海王”直升机。“德里”号的尾部是一个面积为500平方米的飞行甲板。“海王”直升机装备有对海搜索雷达、吊放式声呐，可以挂载“海鹰”反舰导弹、AS–244反潜鱼雷、深水炸弹，能在驱逐舰周围400千米范围内飞行，执行空中监视、反潜等任务。直升机上的数据传输设备可以将目标数据传给“德里”号的战斗情报中心。

不朽经典：“地平线”级驱逐舰（法国、意大利）

“地平线”级驱逐舰档案			
舰长	151.6 米	续航力	17 节 / 7000 海里
舰宽	20.3 米	最大航速	29 节
吃水	4.8 米	标准排水量	6970 吨
人员配置	200 人		

由于近年来，欧洲的大部分国家都纷纷计划于2015年左右全面更新其武器装备，法国、意大利两国自然也不甘落后。法国和意大利又都是海洋国家，因此，

发展海军也就势在必行。但是研制一种新型驱逐舰的耗费较高，而且仅靠自己国家的技术也不够全面，出于成本和性能等方面的考虑，法国和意大利决定联手研制一种新型驱逐舰。在这种背景下，“地平

线”级驱逐舰应运而生。法国称为HorIZOII级，意大利则称为Orizzontee级。

“地平线”级驱逐舰有着浓郁的法国特色，舰上采用的海军战术情报处理系统、近程防御系统等是法国自主研制。“地平线”级驱逐舰充分体现了法国海军的“一舰多用，平战结合”的思想。“地平线”级新型战舰集多种功能于一身，除为航母提供有效的防空火力支援外，还具有较强的反潜、反舰及对岸作战能力。

“地平线”级驱逐舰在动力方面，为2台LM 2500燃气轮机和2台柴油机，总功率可达5.1万千瓦，柴燃联合推进，不但大大增强了其续航能力，而且最高航速也可以达到29节。此外，由于自动化程度很高，这种7000吨的军舰仅需不到200名官兵即可操作。

“地平线”级驱逐舰装备的“主防空导弹系统”（PAAMS），由EMPAR雷达、“席尔瓦”（Sylvet）垂直发射系统以及“紫菀”导弹组成。“席尔瓦”垂直发射系统由法国研发，共有A43和A50两种型号。A43型的发射深度较浅，只能装填“紫菀”15导弹。A50型的发射深度较深，不但可以发射“紫菀”15，还可以发射“紫菀”30导弹。而且这两者占用的面积都相同，每个发射模块都为8个发射单元。“地平线”采用的A50配置6组发射模块，也就是48个单元，共装有16枚“紫菀”15和32枚“紫菀”30型导弹。

在反舰方面，“地平线”级装备的是“飞鱼”反舰导弹。法国国防部于2002年10月23日正式批准了MM 40Block3增程型“飞鱼”反舰/对陆攻击导弹的研发。

MM 40 Block3型“飞鱼”反舰导弹以涡轮发动机取代以往使用的火箭发动机，其射程由MM40的75千米大幅增至180千米以上，而且在重量上不增反减，由原来的870千克降至780千克，使得导弹的末段机动性能和突防能力大大增强。MM 40 Block3反舰导弹使用的是“紫菀”防空导弹的向量推力系统，能在发射后立刻转向目标，这使MM40 Block3具备兼容于垂直发射系统的潜力。

在反潜作战上，“地平线”拥有2座三联装鱼雷发射系统，能够发射MU-90 324毫米轻型鱼雷。这种鱼雷的航速高达50节，攻击深度达到900米以上，有效射程约为11千米。

“地平线”级驱逐舰为欧洲联合研制通用战舰提供了成功范本，对于法国和意大利加强在地中海乃至大西洋地区的海上军事力量具有十分重要的作用。

第4章　海洋卫士——护卫舰

护卫舰是以导弹、舰炮和反潜鱼雷为主要武器的中型水面战斗舰艇，是海军舰艇中数量最多、用途较广的重要舰种。护卫舰的吨位较小，武器装备较弱，航速也较低，但它的机动性能好，主要用于舰船编队的护航、反潜、巡逻、警戒、侦察及支援登陆作战等。

第1节　护卫舰的发展概况

护卫舰是一种古老的舰种，初期的护卫舰是一种三桅武装帆船，其排水量为240吨~400吨。第一次工业革命后，西方列强在非洲、亚洲、美洲、大洋洲各地获得了大量的殖民地，为保护自己的殖民地的安全，西方列强建造了一批适合在殖民地近海活动的排水量较小的中小型舰只，用以警戒、巡逻和保护己方商船，这种船只也是护卫舰的前身之一。

一、护卫舰的早期发展

中日甲午海战之后，大清帝国的北洋舰队覆灭、国门洞开，日本及世界列强对我国的侵略、掠夺日甚一日。1897年底，沙皇俄国为了“保护中国利益”，派兵进驻旅顺口和大连湾，在岸上构筑大炮，在港内驻泊起舰队。这当然妨碍了日本对中国的掠夺，于是它派出强大舰队，于1904年2月8日袭击了沙俄的驻港军舰。此后，日本人不断地伺机进行骚扰，用鱼雷和大炮轰击沙俄驻港舰艇，用水雷和沉船封锁

▲早期的轻型护卫舰

港口，使得沙皇俄国的军舰不能顺利进出港口，对俄国海军构成很大威胁。面对日本海军甚嚣尘上的骚扰与进攻，沙皇俄国当然也不会坐视不理。于是派出驱逐舰和武装木船沿港口巡逻，但驱逐舰数量很少，往往顾此失彼。武装木船则不堪一击，港口巡逻任务无法完成。沙皇俄国不得不进一步采取措施，建造了一批专门用来巡逻的舰艇。由此，专门用于巡逻的小型护卫舰就此诞生了。

这批小型护卫舰的排水量为500吨左右，装备的武器为舰炮。其动力装置的性能较差，航速只有15节左右。由于舰体小，适航性差，它们在海战战场上起的作用不大，只用于近海区域充任“侦察员”的角色。

二、护卫舰的后期发展

随着两次世界大战的爆发，护卫舰又有了进一步的发展。在第一次世界大战中，以英、法为代表的协约国一方有着广大殖民地，需要从海上源源不断地运送作战物资，租用大批商船建立了海上交通线。为了切断英、法等国的海上交通线，遏制其战场上的物资需求，德国人利用研制的大批潜艇对英、法等国的商船队进行了神出鬼没的袭击。虽然那时的潜艇性能并不先进，但对付运输船队却是绰绰有余。在短短4个月中，德国潜艇就击沉英、法等国的运输船只总吨位210多万吨，给协约国造成惨重损失。

这表明，那些吨位小、续航力低的小型护卫舰只适合在港口附近活动，而无

▲英国第二次世界大战时期著名“黑天鹅”级轻型护卫舰

法适应远洋船队护航的要求。于是，他们开始建造1000吨以上，能够进行远洋护航的护卫舰。由此，护卫舰的作战使命则由港湾基地附近“看门护院”，扩展到穿洋越海的船队“保镖”，并在商船队的护卫上起到了重要的作用。

在第二次世界大战中，德国沿用第一次世界大战时的老方法继续用大量潜艇，并以飞机和水面舰艇相配合，截击英、法、美、俄的运输船队，破坏英、法等国的海上交通线，进行了广泛的破交战。在1年时间内，击沉了运输船只及护航舰艇1000余艘，达700多万吨。严峻的破交挑战迫使盟国采取反破交措施。1941年，美国将巨型商船改建成护航航空母舰，各盟国也纷纷建造1000吨～1500吨级护卫舰。仅3年时间就建造了1800多艘。

1943年，在大西洋上展开了激烈的破交与反破交海战。4月，盟国派出了由40多艘商船组成的运输船队从英国开往美国；德国立即派出50多艘潜艇，预以“狼群战术”加以袭击。但此次盟国派出了以护卫舰为主的强大护卫舰队，在10天里与德潜艇作战30多次，击沉击伤潜艇6艘，而护卫舰无一沉没。6月，盟国GS7运输船队出航时，德国又派出30多艘潜艇进行拦截。盟国有5艘护卫舰参加护航，与航空母舰协同作战，击沉德国潜艇15艘。

护卫舰在反破交战中大显身手，取得了令世人瞩目的战绩。这证明了它在海战中是大有作为的舰种之一，其在第二次世界大战之后仍得到了快速发展，并呈现出一些明显的特征。

首先，在舰体规模发展上与驱逐舰明显不同。驱逐舰的舰体是沿着越造越大的方向发展；而护卫舰的吨位则是“大小各有千秋”。目前，世界上共有3000吨以上的大型护卫舰约300艘，分布在16个国家中。能自行建造大型护卫舰的国家有美国、俄罗斯、英国、日本、荷兰等。其中美国最重视建造大型护卫舰，拥有100艘以上。大型护卫舰的舰体规模、武备及作战使命范围和驱逐舰已十分相近。拥有吨位为1000吨～3000吨护卫舰的国家大约有36个；但是这个量级的护卫舰的数量并不比3000吨以上的大型护卫舰多。轻型护卫舰主要集中在苏联、法国、中国和一些中、小国家。轻型护卫舰的建造规模虽小，但多追求“小而全”。不但武器和观通设备力求先进，也注意储备能力。多具有攻击水面目标、反潜和打击空中目标的能力，在护航、巡逻、警戒及配合对陆作战中，都可发挥很大威力。

其次，第二次世界大战后建造的护卫舰更加注重机动性与快速反应能力。为此，许多国家都做出了巨大努力。如苏联在护卫舰上采用全燃动力装置后，从启动到全速运转只要2分钟时间。以色列采用小型高效发电机和轻型材料，减轻了舰体重量，有利于提高机动性；并在1200吨排水量的小型护卫舰上用电脑控制动力装置，以减少舰员。而日本的轻型护卫舰采用先进的火力自动控制系统，从发现目标、跟踪瞄准到实施攻击，全部由电脑控制，迅速而准确。

▲英国第二次世界大战时期的轻型护卫舰

▲现代护卫舰

最后一个特点是舰小而威力强大。轻型护卫舰造价较低廉，且应用范围广。在和平时代，执行常规性的巡逻警戒、护渔护航等任务，使用护卫舰最合适。因此，许多国家都致力于护卫舰的发展与性能提高，配备先进的武器、多种功能的电子设备及先进的作战系统，使其普遍具有对空、对海和对潜的打击能力，有的护卫舰还装备了远射程武器，加强了对岸攻击能力。如西班牙自行设计建造的“侦察”级护卫舰，排水量只有1000多吨，却装配2座四联装“鱼叉”反舰导弹发射装置、1座8联装“海麻雀”对空导弹发射装置、1座76毫米舰炮和2座40毫米舰炮、2座三联装鱼雷发射装置、1座双管375毫米反潜火箭深弹。据推测，其反舰导弹在必要时也可攻击陆上目标。作为一艘小型舰艇，这样强的攻防能力是相当可观的。

三、护卫舰的未来发展

1.隐形性能有所提高

对于隐形战机或许我们已经有所了解，但是提到隐形护卫舰可能我们就知之甚少了。和战机的隐形一样，军舰的所谓“隐形”也并非肉眼看不见，而是指现代化探测装置无法或极难探测得到。鉴于雷达是目前最主要的远程探测器，护卫舰隐形的首要任务就是采用技术手段，尽量使雷达反射波受到抑制或者发生偏转，从而不被雷达发现。要达到这样的隐形效果，有以下两个主要手段。

一是通过对护卫舰的总体外形设计，让敌方雷达接收的回波强度减弱。并尽量减小几何尺寸，边角处还采用圆弧过渡，从而使敌方雷达近乎“致盲”。

二是应用新型舰体构成材料和涂料。澳大利亚已研制出散射雷达波的轻质反射板，受到众多造船巨擘的青睐。当前的一些新型伪装涂料不仅实现了在目视距离内以假乱真，还能吸收雷达波或将由磁波转化为热能消散到大气中去，且亮度也可随着背景自动变化。

现代的护卫舰除了考虑上面两种隐形方法外，通常还考虑如下两种隐形手段——“温度隐形”和“声音隐形”。

由于红外制导反舰导弹大行其道，因此“温度隐形”也必不可少，这就需要想办法减弱船身上的红外辐射源。除了采取直接的隔热措施，如给烟囱、暖通、动力舱等发热部位覆盖上屏蔽和绝缘材料外，还可直接从改装上下手，如改变辐射频带，使用红外干扰器，安装红外辐射信号抑制设备以及使用冷却装置等。

▲瑞典“维斯比”级轻型隐身护卫舰

▲阿联酋“拜努纳”级轻型导弹护卫舰

在今天的立体式海战中，护卫舰行动时发出声音，等于向敌方潜艇宣示自己的到来，因此“声音隐形”也很重要。通常是在螺旋桨和船体四周喷射压缩空气，形成气幕屏蔽以避免噪声，这不仅可削弱敌方被动声呐的探测能力，对比隐形战机F-22的外形特点和机身蒙皮材料特点，我们不难发现飞机和战舰的隐形原理基本上是一样的。此外，降低电磁辐射，也是不少战舰隐形技术的着重点。

2.广泛使用电磁炮

电磁炮是指利用电磁发射技术制成的一种先进的动能杀伤武器。与传统的大炮将火药燃气压力作用于弹丸不同，电磁炮是利用电磁系统中电磁场的作用力，其作用的时间要长得多，可大大提高弹丸的速度和射程，因而引起了世界各国军事家们的关注。自20世纪80年代初期以来，电磁炮在未来武器的发展计划中，已成为越来越重要的部分。

早在19世纪，科学家就已发现在磁场中的电荷和电流会受到洛仑兹力的作用。20世纪初，便有人提出利用洛仑兹力发射炮弹的设想。在两次世界大战中，法国、德国和日本都曾研究过电磁炮。第二次世界大战以后，其他国家也进行过这方面的研究。自20世纪70年代初以来，与电磁发射有关的技术取得了重大进展。

电磁炮发射装置主要由能源、加速器、开关三部分组成。能源通常采用可蓄存10兆～100兆焦耳电磁能量的装置。目前实验用的能源有蓄电池组、磁通压缩装置、单极发电机，其中单极发电机是近期内最有前途的能源。加速器是把电磁能量转换成炮弹动能并使炮弹达到高速的装置，主要有使用低压直流单极发电机供电的轨道炮加速器和离散或连续线圈结构的同轴同步加速器两大类。开关是接通能源和加速器的装置，能在几毫秒之内把兆安级电流引进加速器中，其中的一种是由两根铜轨和一个可在其中滑动的滑块组成。

电磁炮主要有以下几个优点：

（1）电磁推动力大，弹丸速度高

电磁发射的脉冲动力约为火炮发射力的10倍，所以用它发射的弹丸速度很高。一般火炮的射击速度约为0.8千米/秒，步枪子弹的射击速度为1千米/秒。而电磁炮可将3克重的弹丸加速到11千米/秒，将300克的弹丸加速到4千米/秒。

（2）弹丸发射稳定性好

电磁炮弹丸在炮管中受到的推力是电磁力，这种力量是非常均匀的，而电磁推力容易控制，所以弹丸发射稳定性好，这有利于提高命中精度。

（3）隐蔽性好

电磁炮在发射时不产生火焰和烟雾，也不产生冲击波，所以作战中比较隐

▲位于美国海军水面战中心的电磁炮

▲美国海军电磁炮发射瞬间

蔽，不易被敌人发现。而且，它采用电磁能源，而不是常规火药，这有利于发射阵地的安全。

（4）弹丸发射能量可调

电磁炮可根据目标性质和射程大小快速调节电磁力的大小，从而控制弹丸的发射能量。

（5）比较经济

与常规武器比较，火炮发射药产生每焦耳能量需要10美元，而电磁炮只需要0.1美元。

由以上优点我们不难看出，对于护卫舰这个庞大而笨重的武器来说，安装电磁炮无疑是最好的选择，并且电磁炮的使用也能让护卫舰真正实现超远程的精确打击，让战争形式发生实质性的改变。

但要想将这一理论上的可能变为实际，人们也面临着许多亟待解决的问题，其中最显著的就是大气的阻力问题和加速需要的炮管长度问题。也许正是因为这些困难，我们的地球才能够保持相对的和平，试想如果这样的武器真正被制造出来并大量投入战争，我们的世界将会变成什么样？

第2节 护卫舰集锦

护卫舰是在吨位和火力上仅次于驱逐舰的水面作战舰只，它以中小口径舰炮、各种导弹、水中武器（鱼雷、水雷、深水炸弹）为主要武器，但由于其吨位较小，自持力较驱逐舰为弱，远洋作战能力逊于驱逐舰。护卫舰和战列舰、巡洋舰、驱逐舰一样，也是一个传统的海军舰种，是当代世界各国建造数量最多、分布最广、参战机会最多的一种中型水面舰艇。

舰史精英："克里瓦克"级护卫舰（苏联）

"克里瓦克"级护卫舰档案			
舰长	123.1 米	续航力	16 节 / 4600 海里
舰宽	14 米	最大航速	32 节
吃水	4.9 米	标准排水量	3300 吨
人员配置	180 人		

"克里瓦克"级导弹护卫舰是苏联时期重要的战舰。在"克里瓦克"级导弹护卫舰出现之前，苏联护卫舰的排水量仅在1000吨～2000吨之间，并且装备少，航行及作战能力差。"克里瓦克"级护卫舰的排水量在3000吨以上，并且装备了大量的电子、武器设备。"克里瓦克"级导弹护卫舰共有三种型号，可算是苏联第一级现代化护卫舰。

"克里瓦克"Ⅰ级舰于1969—1981年间在

加里宁格勒、列宁格勒和刻赤建造。“克里瓦克”Ⅱ级舰于1976—1981年在加里宁格勒建造。“克里瓦克”Ⅲ级舰于1984—1990年在刻赤建造。型号名称开始为大型反潜舰，1977—1978年改为护卫舰。“克里瓦克”级护卫舰采用全燃动力结构，功率大，航速高。

“克里瓦克”级护卫舰的舰艏尖瘦，有明显的外飘形态，此船型与苏联当时的一些驱逐舰舰型相似。该级护卫舰水线以下舰艏设有声呐导流罩。艏楼甲板与主甲板之间的高度较大，使这段舰体内空间较大，干舷也较高。上层建筑低矮，各层甲板上布置有众多电子、武器装备和各种设备。

“克里瓦克”级护卫舰的主要特征是：上层建筑顶部天线数量多，且多为圆形和椭圆形；前甲板有四联装反潜导弹发射筒和两座火箭深水炸弹发射器；后甲板为梯次配置的76毫米舰炮两座；舰体中部各有一座四联鱼雷发射器。

“克里瓦克”级护卫舰主要性能特点是反潜作战能力强，配备有导弹、深弹、鱼雷等反潜武器，形成了远、中、近的综合反潜火力。还有一个特点便是吨位大，其吨位相当于西方国家的驱逐舰，远海作战能力较强。

守护使者：20380 型轻型护卫舰（俄罗斯）

20380 型轻型护卫舰档案			
舰长	100.0 米	续航力	14 节 / 4000 海里
舰宽	13.0 米	最大航速	27 节
吃水	4.1 米	标准排水量	2000 吨
人员配置	99 人		

俄罗斯20380型轻型护卫舰首舰“守护”号由“金刚石”中央海军设计局专家设计，70多家科研、设计和工业企业参加了其建造工作，于2001年12月21日开工建造，原计划2005年交付，但是由于财政拨款不足以及任何类型舰艇首舰建造时都会遇到的技术方案实施困难等原因而延误，到2006年5月16日在北方造船厂下水，2007年年初开始在俄海军服役。

“守护”号不仅承袭了苏联同名战舰（导弹驱逐舰）的威名，而且开启了俄海军水面战舰制造的新时代。

20380型轻型护卫舰具有钢制平滑甲板外壳和用难燃的多层玻璃钢和碳纤维复合材料制成的舷到舷的上层建筑。20380型轻护航舰的适航比同等排水量的战舰好，十分有利于搭载直升机。20380型轻护航舰的战舰艉部部署了卡-27PL直升机机库和起降平台，舰上装载的直升机燃油可达20吨。

20380型轻型护卫舰的防护和作战稳定性都相当不错。它运用了最新的红外和雷达隐身技术，还包括特种涂层、内置于舰体的导弹武器和天线部位，除此之外，它还使用了有高度吸波性能的材料，对部分舰体、武器和技术设备进行了局部防护。

20380型轻型护卫舰成功建成了统一信息场，它的一体化桥楼系统和主指挥所连为一体，组成统一战斗指挥系统。这种统一战斗指挥系统有利于保障舰长、舰员实时接收海上、水下和空中局势信息，了解战舰本身、舰载武器和技术设备状况，保障战舰驾驶和武器使用实现全程自动化。

20380型轻型护卫舰的火力配置也非常强势。包括1门A–190 100mm舰炮，3座四联装 3K96 “多面堡” 防空导弹垂发系统， 2座四联装3M24“天王星”反舰导弹系统，2门AK–630M 30mm 6管速射近防炮，2具330毫米四管装“纸包–NK” 反潜鱼雷。

位于舰艏的是3座4联装共12单元的俄罗斯新一代的舰载防空导弹垂直发射系统 3K96 “多面堡”（该级舰在开始建造时由于未能及时完成该系统的研发工作，因此首舰是用 “卡什坦” 近迫防卫系统替代，20380型采用模块化设计，需要时可随时换装），3K96 “多面堡” 系统是俄罗斯下一代先进防空导弹系统 “勇士” 的海军型。

总起来说，20380型护卫舰的特点是多功能性、紧凑性、隐身性、各系统自动化水平高，被誉为“俄罗斯21世纪轻型护卫舰” 。

火力强大：22350 新型护卫舰（俄罗斯）

22350 新型护卫舰档案			
舰长	130 米	续航力	15 节 / 4000 海里
舰宽	16 米	最大航速	30 节
吃水	4.5 米	标准排水量	4500 吨
人员配置	180 人		

22350新型护卫舰是俄罗斯北方造船厂于2006年开始建造的，是苏联解体15年后俄罗斯海军第一艘远海远洋战舰，该级舰注入了各种高新技术，特别是应用了最先进的信息技术和制导技术，具有对水面、水下和空中打击的能力，配备有各型导弹和其他作战系统，火力强大，功能齐全，必将在未来战争中大显身手。

22350型新型护卫舰由圣彼得堡北方设计局设计。2011年定型，投入生产，预计将于2015年前后服役。

俄罗斯的首艘22350型护卫舰被称为“戈尔什科夫海军元帅”号，尽管该型军舰被称为护卫舰，但其排水量却超过了大多数驱逐舰。

22350型护卫舰的隐身性能相当好。从外形上看，22350型护卫舰采用了干舷外飘、上层建筑立板内倾的多面体设计，以便让从不同方向照射来的雷达电波向多个方面反射，从而减少回波强度。此外，22350型护卫舰在平面与平面交接处采用平滑过渡，用来减少全舰垂直反射面，同时最大限度减少舰船上暴露的舾装件，使得整个舰艇表面光滑，减少雷达的散射，从而进一步减少了舰艇的雷达反射面积。

22350型护卫舰的火力十分强大，几乎可以与一艘巡洋舰相媲美。22350型护卫舰上装配有各种各样的新型无线电电子设备和现代化指挥控制系统；并且配备有当今最新的现代化武器装备和指挥控制系统，包括8枚“红宝石”反舰巡航导弹、A-192新型130毫米舰炮、“蝼蛄”-2反潜导弹系统、“飓风”中程防空导弹

系统以及1架卡–32反潜直升机。

22350型护卫舰的近程防空武器是“卡什坦”弹炮结合系统，该系统包括2门30毫米6管高射速机关炮，8枚SA–N–11近程防空导弹。其导弹采用雷达光电复合制导，射程8千米～15千米。模块下方有自动装填弹库，备弹32枚。

22350型导弹护卫舰首舰开工建造具有较强的象征意义，充分表明俄海军已逐步摆脱困境，加速现代化舰艇换装进程，试图恢复昔日世界第二远洋海军的超强实力，从而全面维护国家海洋利益。

美军骄傲：“佩里”级导弹护卫舰（美国）

“佩里”级导弹护卫舰档案			
舰长	135.6 米	续航力	20 节 / 4500 海里
舰宽	13.7 米	最大航速	29 节
吃水	4.5 米	标准排水量	2750 吨
人员配置	215 人		

“佩里”级护卫舰是美国海军通用型导弹护卫舰，可以完成防空、反潜、护航和打击水面目标等任务。它是世界最先进的导弹护卫舰之一，因其价格适中而得以大批量建造，并于1977年开始服役。

"佩里"级护卫舰的上层建筑四周只设少数的水密门，形成一个封闭的整体，这样有利于使舰员和设备拥有更多的空间，从而改善舰员的居住条件和增强护卫舰的适航性。"佩里"级护卫舰的生活设施良好，每名舰员可以平均享受19.6平方米的生活空间。

"佩里"级护卫舰采用全燃动力装置，这种动力装置具有重量轻、体积小、噪音低、操纵性好等特点，而且低速性和可靠性都相当不错。为了使得舰上维修方便，尽量减少舰上维修工作量，"佩里"级护卫舰采取舰外供应、整机更换、舰外修理等方式，力求使舰上设备组件化。同时，"佩里"级护卫舰在舰艇布置的设计上，尽量使用易于拆装和可以进行内部移动的设备，并为拆装和移动这些设备设计了最佳通路以及在搬运路线上设置架空轻便轨道、滑车等。

"佩里"级护卫舰的火力强大，作战能力较

你知道吗

1984年5月14日，美国海军的"佩里"级"斯塔克"号导弹护卫舰在波斯湾执行油轮护航任务中，被伊拉克空军"幻影"F1型战机发射的两枚"飞鱼"空舰导弹击中，舰体受到严重损坏，并造成37人死亡。令人不解的是：伊导弹的攻击是在美军的监视下发生的。

▲伊拉克空军"幻影"F1 型战机

强。舰上设有1座MK-13/4型“标准/鱼叉”导弹两用发射架、1门“奥托·梅莱拉”76毫米火炮、1座MK-15“密集阵”近程武器系统、2座三联装MX-32鱼雷发射管以及2架SH-F反潜直升机。“佩里”级护卫舰上的探测系统性能出众，尤其是声呐，除有1部SQS-56舰壳声呐外，还有1部SQR-19拖曳线列阵声呐。此外，“佩里”级护卫舰还设置了指挥控制系统和电子战系统。

近海护卫：“勃兰登堡”级护卫舰（德国）

“勃兰登堡”级护卫舰档案			
舰长	138.8 米	续航力	15 节 / 4000 海里
舰宽	16.7 米	最大航速	29 节
吃水	4.4 米	标准排水量	4490 吨
人员配置	219 人		

“勃兰登堡”级护卫舰又被称为“123型”护卫舰，是德国海军1989年开始进入现役的一种新型护卫舰。“勃兰登堡”级护卫舰是一种多功能护卫舰，它以反潜为主，同时也可承担防空、舰船集团战术指挥和水面作战等多种任务。

“勃兰登堡”级护卫舰的实用性很好，其建造结构为全钢制，这样有利于提供更大的空间以容纳更多的舰载人员。另外，“勃兰登堡”级护卫舰还加载了先进的鳍状水平尾翼舰艇。除此之外，“勃兰登堡”级护卫舰还可以搭载两架“大

山猫”舰载直升机及一个大型密封舱，为登陆作战服务。

“勃兰登堡”级护卫舰的操控系统采用的是SATIR战斗系统，这种战斗系统为STN Atlas Elektronik/Paramax产品，“勃兰登堡”级护卫舰的通信装备包括Link-11数据链与Astrium卫星通信系统。

“勃兰登堡”级护卫舰的武器装备比较全面，在反潜作战能力上比较突出，不但有鱼雷武器，而且还装备了2架反潜直升机。具体火力配置有1座“奥托·梅腊拉”76毫米舰炮。2座双联装“飞鱼”MM38型反舰导弹发射装。16单元MK41 Mod3型舰空导弹垂直发射装置，16枚“海麻雀”舰空导弹；2座21单元MK49型“拉姆”点防御导弹发射装置，21枚RIM-116A型“海拉姆”近程防空导弹。2座双联装MK32 Mod9型鱼雷发射管，发射MK46 Mod2型鱼雷。2架“超山猫”MK88型反潜直升机。

“勃兰登堡”级护卫舰的电子设备有LW08型对空搜索雷达；SMART-S型对空/对海搜索雷达；2部STIR-180型火控雷达；DSQS 23BZ型舰壳声呐；FL-1800-Ⅱ电子战系统、美制MK-36诱饵发射器、贝瑞塔公司生产的SCLAR诱饵发射器等电子干扰装置；IFF1990敌我识别系统；SATIR战斗系统（以美制AN/UYK-43B主计算机为核心）；HF、VHF、UHF、2个“赋税”SHF卫星通信系统、11号北约标准数据链和ELACUT200水下通话系统等通信系统。

世界一流：F124防空型护卫舰（德国）

F124防空型护卫舰档案			
舰长	143米	续航力	15节 / 4000海里
舰宽	17.2米	最大航速	29节
吃水	4.4米	标准排水量	5600吨
人员配置	225人		

德国海军“萨克森”级防空型护卫舰（F124型），是德国海军最大的水面舰艇，也是德国海军第一艘采用模块化设计的舰艇。它装备了性能一流的APAR主动相控阵雷达，以防空作战为主，是迎合海上作战发展形势建造的最新型护卫舰。

F124型护卫舰的第一艘FGS“萨克森”号，舷号F219，在1996年3月14日签订建造合同，在汉堡市的Blohm-Voss造船厂建造，2002年10月底交付，2004年正式服役。第二艘，FGS“汉堡”号，舷号F220，由HDW造船厂建造，2002年8

月下水，2004年1月开始了航行试验，2004年交付。第三艘，FGS“黑森”号，舷号F221，由TNSW造船厂建造，在2003年7月下水，2005年交付使用。

F124型护卫舰包括4个武器模块、7个电子模件、9个设备模件、24个仪表模件、12个通风模件和2个桅杆模件。它的指挥和控制系统采用异步传输模式为基础的体系结构，是一套分布式实时数据库和综合通信网络，包括17个多功能控制台和处理机、2台大屏幕战术显示装置、12个总线界面单元、1套COSMOS监视系统、1套数据链和分布式处理系统。

传感器系统包括两套STNAtlas 9600-M/J-波段多功能ARPA雷达，SMART-远程空中、水面监视和目标显示雷达，APAR多功能有源相控阵雷达，天狼星IRSI、远程红外线监视和跟踪传感器，STNAtlasMSP500光电射击控制系统，低频声呐导航和测距系统等。

F124型护卫舰是由各型防空导弹配合先进的雷达系统实现强大的防空能力。装备的近程为发展型“海麻雀”导弹（ESSM）和标准型SM2111-A中程防空导弹，“拉姆”近程滚动体防空导弹（RAM）等，除具有防空能力之外，还能防御反舰导弹包括掠海攻击能力的导弹。

F124型护卫舰装备一门76毫米舰炮和两门20毫米舰炮。在FGS“汉堡”号

（F220）的甲板上安装一门155毫米KMWPZH2000榴弹炮，射程22海里。

F124型护卫舰的电子对抗系统套件包括一套FL1800SII电子对抗系统、六套SippicanHycorSuperRBOC箔条和曳光弹发射装置以及通信综合电子支援系统。

深海反潜：23 型护卫舰（英国）

23 型护卫舰档案			
舰长	133.0 米	续航力	15 节 /7800 海里
舰宽	16.1 米	最大航速	28 节
吃水	7.3 米	标准排水量	3500 吨
人员配置	181 人		

23型护卫舰是世界护卫舰中的典范之作，也是目前英国皇家海军中的主力战舰，于1985年开建，共造16艘，现役13艘。23型护卫舰的早期设想是一型价格较为低廉、武备较少的轻型护卫舰，主要是作为一个低频拖曳阵列声呐平台在北大西洋海域部署活动。然而，后来的设计评估和1982年英国与阿根廷的马尔维纳斯群岛战争的经验教训，使得该型在设计上做了进一步调整，最终将其定位为深海反潜护卫舰，同时具备自卫、反舰和舰炮火力支援能力。

在舰艇外形设计上，23型护卫舰采取了使舰体干舷外倾（约10°），而上层建筑侧壁内倾（约7°）的做法，水线以上均采用圆角过渡，并且上层建筑的高度也比同类舰艇有所降低，以减少舰艇的雷达信号特征；该级舰通过采用先进的“气幕”降噪系统、抵制舰体热辐射等一些行之有效的措施，在降低舰艇噪声、减少红外线辐射等方面也取得了很大的成效，从而使舰艇具备了一定的隐身性能。

23型护卫舰的对潜攻击武器有新式轻型鱼雷和马可尼公司的“鲽”鱼雷。远距离对潜作战中，可向可能出现潜艇的海域派遣直升机。一旦直升机使用的投放声呐捕捉到目标，就用鱼雷和深水炸弹进行攻击。这种鱼雷能够穿透新型潜艇的壳体。舰上装备的另一主要武器是垂直发射的“海狼”对空导弹。有32个发射单元，导弹控制的子系统是911型跟踪制导雷达，这一双频雷达也能对抗掠海飞行的对舰导弹。而且由于采用垂直发射，可以迅速对付从任何方向来袭的目标。

此外，为起到防空作用，舰上还装备了“厄利孔”30毫米机关炮。这种炮为全自动型，装有瞄准稳定装置，最大射速650发/分。炮内采取了防备电源故障措施，能用电池驱动，不管昼夜都能使用。舰上的主要反舰武器为“鱼叉”导弹。该导弹在攻击开始阶段为惯性制导，在最终阶段各自使用主动式雷达制导，掠海飞行。用于发射导弹的2座四联装发射装置位于舰桥前方，整个系统称为GWS60。

23型护卫舰上装备有1门MK8“维克斯”114毫米舰炮，作为对地射击主炮，还可以对舰、对空进行射击。

23型护卫舰选用的是EH101“默林”直升机。该机的任务是辅助舰上的探测器对远处的潜艇进行搜索和攻击。但因该机在20世纪80年代中期尚未完成飞行试验，目前舰上搭载的是一架韦斯特公司生产的“大山猫”反潜直升机。

美丽战舰：“拉斐特”级护卫舰（法国）

“拉斐特”级护卫舰档案			
舰长	124.2 米	续航力	12 节 / 9000 海里或 15 节 /7000 海里
舰宽	15.4 米	最大航速	25 节
吃水	5.8 米	满载排水量	3750 吨
人员配置	139 人		

法国的“拉斐特”级导弹护卫舰的外形十分漂亮。它是世界上第一艘真正意

义上的隐身战舰，它不仅一举改善了法国战舰的形象，而且也成为当今战舰隐身化趋势的开拓者。

“拉斐特”级导弹护卫舰最引人注目的地方是它独特的隐身设计。“拉斐特”级导弹护卫舰的上层建筑的外壁向内倾斜，舰上各个部位都由倾斜的多面体构成：舷边小艇和吊艇架放置于上层建筑中部的矩形孔中，航行时，可以放下钢丝网帘，以防止雷达波透过。为了最大限度地降低雷达反射面积，“拉斐特”级导弹护卫舰甚至将起链绞盘、带缆桩、锚机等设备都隐蔽起来，甲板上也没有栏杆。此外，“拉斐特”级导弹护卫舰的桅杆、烟囱、火炮都由斜面构成。由于这种种措施，“拉斐特”级导弹护卫舰的雷达反射面积仅仅相当于一艘500吨级的巡逻艇。

另外，“拉斐特”级导弹护卫舰的红外线隐身和声学隐身性能也都很好。它大量采用玻璃纤维增强材料，用来抑制红外线辐射；它的所有机械设备都装在隔震基座上，舰体外部还装置了气幕降噪设备。另外，它还配备了低噪声的5叶螺旋桨。

“拉斐特”级导弹护卫舰的反舰武器系统包括：MM40“飞鱼”导弹、直升机带的反舰导弹和100毫米舰炮/20毫米舰炮组成四个层次的反舰火力。另外，“拉斐特”级导弹护卫舰中部的上层建筑顶部布置有2座四联装MM40“飞鱼”反舰导弹，它可以进行惯性巡航飞行，主动雷达制导，射程70千米。

“拉斐特”级导弹护卫舰的对空武器系统包括：“海响尾蛇”导弹、100毫米和20毫米舰炮组成三个层次的对空火力。

开天辟地：LCF 级导弹护卫舰（荷兰）

LCF 级导弹护卫舰档案			
舰长	144.0 米	续航力	18 节 / 5000 海里
舰宽	17.0 米	最大航速	30 节
吃水	5.0 米	满载排水量	6050 吨
人员配置	173 人		

早在20世纪80年代，北约就进行了共同研制新一代护卫舰的尝试，但是终因众口难调而散伙。随后北约一些渴求新型护卫舰的国家又根据相互的利益开始联合研制，试图通过以共同分担研制费用、共享研制成果的方式实现各自对新型护卫舰的构想。英、法、意三国联合研制“地平线”级护卫舰，德、荷、西三国也共同签订了“三国护卫舰合作计划”。LCF属欧洲“三国护卫舰合作计划”，是荷兰海军最新型护卫舰，与德国“萨克森”有许多相似之处。该舰较“萨克森”级要大一些，由其平缓的侧面可见设计更重视隐身性和对核、生物、化学武器的防御。

LCF的舰艏装有5组八联装MK-41垂直导弹发射系统，比F-124多出一组；其中32管装填“标准”SM-2区域防空导弹，另外8管装填“海麻雀”近程防御导弹，每管装填4枚，共32枚。LCF采用两具荷兰Signaal公司的守门员近战防御武器系统，而不是F-124的RAM。鱼雷方面，LCF使用隐藏于舰体内的MK-32 Mod9双联装鱼雷发射器，有别于F-124安装于甲板上的传统式三联装MK-32，对隐身性更为有利。

LCF级在侦测方面，LCF装有“天蝎星”远程被动红外搜索系统。主炮方面，LCF选用的是一门127毫米舰炮，同样使用此种舰炮的还有日本“金刚”级导弹驱逐舰与韩国KDX驱逐舰。动力方面，LCF和F-124同样采用复合柴油机与燃气涡轮动力系统，但是LCF使用英国造WR-21循环式中段冷却再加热燃气涡轮，这种同时还被美国DD-X与英国45型驱逐舰选择的新一代涡轮主机在环保、节省燃料、动力产生效率等方面，都远远超过LM-2500等现在常见的舰载燃气涡轮发动机。

荷兰皇家海军早在1993年12月15日便与皇家须尔德造船厂签订LCF的建造合约，其细部设计则在1995—1997年间进行。荷兰皇家海军最初只打算采购2艘LCF，但在1995年6月正式签约时（也就是西班牙退出TFC的同一时间）则增加至4艘。LCF首舰“迪泽文”号（F-802）于2000年4月下水，并于2002年服役；而其余3艘LCF（F-803-805）则分别在2003年、2004年与2005年交付使用。

浓缩精品：“南森”级护卫舰（挪威）

“南森”级护卫舰档案			
舰长	132.0 米	续航力	16 节 / 4500 海里
舰宽	16.8 米	最大航速	27 节
吃水	4.9 米	标准排水量	5290 吨
人员配置	120 人		

第一艘“南森”级护卫舰自2006年6月正式加入挪威皇家海军序列。经过几个月使用检验，挪威海军对“南森”的整体性能表现非常满意。“南森”级护卫舰是以反潜为主、可执行多种作战任务的多用途护卫舰。它的主要使命是搜索、探测、识别和攻击敌方潜艇，保护挪威的领土、领海、管辖海域以及海洋资源和设施不受侵犯；参与国际海上军事行动；承担非战斗使命，如抢险救灾等。

从外观上看，“南森”级护卫舰体形较小，但却是挪威海军装备的最大的军

舰。“南森”级护卫舰采用模块化设计，全舰由24个模块组成，钢焊接的单船体结构，有五层甲板和两组上层建筑，分为13个水密隔舱。“南森”级护卫舰满载排水量只有5290吨，却安装了“宙斯盾”作战系统。这个系统过去只能安装在排水量1万吨以上的战舰上，因而人们担心“南森”级护卫舰的适航能力会受到影响。但是在以恶劣海况著称的比斯开湾测试时，“南森”级护卫舰曾以26节的最大航速前进，整个舰体重心并未上升，行驶仍快捷平稳。

对现代反潜护卫舰而言，能够搭载直升机并保障其长期随舰执行任务是必不可少的能力。“南森”级护卫舰在舰尾设有直升机甲板与机库，选定的机型是海军型的NI-190多用途直升机。

“南森”级护卫舰的防空任务主要由改进型“海麻雀”导弹承担。改进型“海麻雀”射程达45千米。舰载主要反舰导弹是挪威老牌军工企业康夫斯堡防务公司研制的NSM反舰导弹。NSM反舰导弹最大的特点是采用了具有隐形特性的弹体以及完善的导航模式。它的最大射程为200千米。

占据“南森”级护卫舰主桅杆大部分空间的是洛-马公司的AN/SPY-1F相控阵雷达。它是“宙斯盾”系统的核心，不过是美海军所用的AN/SPY-1D雷达的简化版，目前只能控制发射改进型“海麻雀”点防空导弹，并不具备区域防空能力。

“南森”级是迄今为止所有装备“宙斯盾”防空系统的军舰中吨位最小的，

因此，被称为“迷你盾”、“袖珍宙斯盾”。由于“南森”级是北欧国家挪威的军舰，因而又被称作“维京人的宙斯盾”。

名不虚传：F-100 级护卫舰（西班牙）

F-100 级护卫舰档案			
舰长	146.7 米	续航力	18 节 / 4500 海里
舰宽	18.6 米	最大航速	29 节
吃水	4.8 米	标准排水量	5802 吨
人员配置	240 人		

西班牙的F-100级护卫舰具有很强的区域防空作战能力，这主要得益于美制“宙斯盾”系统的强大威力。F-100级护卫舰拥有与美国的“阿利·伯克”级驱逐舰“几乎完全相同”的能力，即防空战、反潜战、反水面战以及电子战和先进的通信能力，两者最大的区别是目前F-100级不具备发射诸如“战斧”巡航导弹的能力。F-100级护卫舰将成为西班牙海军舰队未来的中流砥柱。

F-100级护卫舰采用了四层甲板，由下而上，分别是压载舱、第一层甲板、第

二层甲板和主甲板。F-100级护卫舰的主甲板是舱室甲板，第二层甲板则为损管甲板。另外，F-100级护卫舰的舰上还具有13个横向防水舱壁，以保证护卫舰的抗沉性，其抗沉性能完全达到了美军的作战标准。

F-100级护卫舰的作战系统具有强大的防空能力，它安装有美国的AN/SPY-1D雷达、MK41导弹发射装置、2套火力指示器以及相关的指控系统。在反潜战、反水面战方面，西班牙海军并未全部选择美式装备，而是选择了西班牙本国开发的FABA指控系统来控制。F-100级护卫舰的FABA指控系统与“宙斯盾”的指控系统共同形成了一套完整的指控系统。

F-100级护卫舰的作战系统的主传感器是AN/SPY-1D雷达，该雷达是一种多功能相控阵雷达，可在设定区域内搜索、自动探测、跟踪空中和水面目标。AN/SPY-1D雷达可以搜索和跟踪多个目标，并与“标准”-2型导弹相连，为“标准”-2导弹提供制导以及接收导弹的状态信息。除此之外，F-100护卫舰还安装了MK 99 mod 7型发射制导系统，用于在“标准”-2导弹的末端飞行阶段的制导。

F-100级护卫舰还安装了MK41垂直导弹发射系统，用于护卫舰的空中防御。MK41垂直导弹发射系统拥有6个8单元发射模块，可发射“标准”-2型导弹或改进型“海麻雀”导弹。

此外，F-100级护卫舰还安装了IFF 100FR敌我识别系统，该系统包括了三个子系统：询问器、无线电发射机应答器和测试设备，可以加强舰与舰之间的识别能力。

未来之星：“什瓦里克”级护卫舰（印度）

“什瓦里克”级护卫舰档案			
舰长	143.0 米	续航力	20 节 /4600 海里或 30 节 / 1600 海里
舰宽	17.0 米	最大航速	30 节
吃水	4.2 米	标准排水量	4600 吨
人员配置	257 人		

印度的“什瓦里克”级护卫舰实际上是“塔尔瓦”级护卫舰放大版的改进型（主要是隐身性能方面），“塔尔瓦”级护卫舰是由俄罗斯的北方设计局主设计。

“什瓦里克”级护卫舰的动力装置是柴燃交替动力装置（CODOG），配备有2台美国的LM 2500舰用燃气轮机和2台法国的16 PA6 STC柴油机，通过两个齿轮

箱驱动两只可调螺距螺旋桨（CPP）。为了降低噪音，“什瓦里克”级护卫舰对螺旋桨采用了气幕降噪措施，用来避免因空泡而产生高分贝噪声。

“什瓦里克”级护卫舰采用的是62倍口径76毫米超高速舰炮，射速120发/分，射程16千米，弹重6千克。在防空方面，“什瓦里克”级护卫舰将综合利用导弹和舰炮，其中，“什瓦里克”级护卫舰的中程防空武器为“克什米尔”防空导弹系统。“克什米尔”防空导弹系统采用单臂发射装置，备弹24枚，能发射SA-N-7型或SA-N-12的改进型防空导弹。SA-N-7型导弹的有效打击范围为3.5千米～25千米，飞行速度为3马赫，战斗部70千克。SA-N-12型导弹的最大射程超过32千米。“什瓦里克”级护卫舰的“克什米尔”防空导弹系统可同时对付6个空中目标。

在近程武器系统方面，“什瓦里克”级护卫舰采用的是2套由1座双联装30毫米速射炮和8枚SA-N-11防空导弹组成的俄罗斯“卡什坦”弹炮合一系统，分别布置在直升机机库两侧。双联装30毫米速射炮的射程为1.5千米，每分钟可发射9000发炮弹。SA-N-11防空导弹的射程为8千米，弹头重6千克。此外，“什瓦里克”还将采用2门俄罗斯的Ak630近防炮，这种6管近防炮射程为2千米，射速3000发/分。

“什瓦里克”级护卫舰采用1部装于前桅的MR-760“顶板”三坐标对空搜索雷达，作为其“克什米尔”防空导弹系统的对空探测与目标导向雷达。“什瓦里克”级护卫舰的防空导弹系统的火控和目标照射则由3～4部MR-90“前罩”雷达来完成。

独占鳌头："无畏"级护卫舰（新加坡）

"无畏"级护卫舰档案			
舰长	130 米	续航力	18 节 / 4500 海里
舰宽	15.5 米	最大航速	30 节
吃水	5.5 米	标准排水量	3800 吨
人员配置	210 人		

新加坡国防部为设计和建造新型护卫舰制定了"三角工程"：2002年3月，新加坡国防部与法国舰艇建造局签订承包合同，法国舰艇建造局将为新加坡海军建造6艘"无畏"级多任务护卫舰。第一艘护卫舰由法方建造，其余5艘由新加坡科技船舶公司建造。这个"三角工程"使得"无畏"级护卫舰在技术和战术性能方面，均达到了世界一流。"无畏"级护卫舰将会代替6艘在1972年服役的德制"海狼"级导弹艇。

"无畏"级护卫舰的艏楼约占舰长的84%，充分扩大了有效空间。"无畏"级护卫舰的舰艏甲板舷弧较大，艏柱前倾明显，这可以有效减轻前甲板淹湿。"无畏"级护卫舰的舰艏端舷弧线具有负度小倾斜，这有利于为艏部主炮提供良

好的前方射界。“无畏”级护卫舰的干舷较高，有利于改善它在风浪中的航行性能。设计师还独具匠心地在沿“无畏”级护卫舰舰体主甲板上方安装有水幕装置用的管路，这种水幕装置不仅可以用来冲洗核生化污染物，而且可在舰四周喷出一个冷却水幕，从而减弱红外辐射强度。

为了达到有效隐身的目的，“无畏”级舰的上层建筑采用了倾斜式外壁，并涂有雷达波吸收材料。该级舰还设有一个大型废气速冷系统，以冷却燃气轮机排放的高温废气，降低红外信号；舰体侧面比较低平。这些均有助于减小雷达反射面和红外信号。

出于有效防空和反潜的需要，该级舰装备了十分先进的武器。装备4座六联装SA-N-9垂直发射舰空导弹、2座CADS-N-1弹炮合一近程防空系统、1门100毫米火炮、6座SS-N-X反舰导弹发射架、1座10管RBU-12000火箭深弹以及1架卡-27“蜗牛”直升机。此外，舰上还装有多种雷达、声呐和电子战设备，性能十分先进。

性能优越：“维斯比”级轻型护卫舰（瑞典）

“维斯比”级轻型护卫舰档案			
舰长	72 米	人员配置	43 人
舰宽	10.4 米	最大航速	35 节
吃水	2.5 米	标准排水量	620 吨

瑞典“维斯比”级护卫舰，建造中应用了最先进的隐形、信息、电子、计算机、新材料等技术，使之成为当今世界上最先进的轻型护卫舰。与此同时，设计结构新颖、独特，在护卫舰行列中出类拔萃。

北欧的瑞典在武器装备生产方面风格独特，设计和生产了很多技术先进的武器，尤其是舰艇隐身技术方面处于世界领先地位。早在1991年就制造了著名的“斯米格”号隐身实验艇。此后，瑞典国防装备管理局和瑞典工业界继续潜心研究，花费800万瑞典克朗的研制费，精心设计出了“维斯比”级隐身轻型护卫舰。

除一个锥形指挥台和一门隐身舰炮外，“维斯比”级轻型护卫舰的舰上再未布置任何外露的设施，整个舰面光洁而平整。同时，“维斯比”级轻型护卫舰的舰体各个部位均由不规则的倾斜多面体组成，舰载雷达、卫星通信天线、各种电子设备天线等都被封装起来。“维斯比”级轻型护卫舰的舰载导弹、反潜武器及

反水雷设备则安装在上甲板以下部位，舰体上预留的发射口上有遮盖装置，再加上上层建筑外表均涂有吸收雷达波的材料，其隐身效果受到严重影响。另外，由于“维斯比”级轻型护卫舰的舰载直升机没有采取隐身措施，它的雷达反射面积比舰体要大得多，一旦直升机停在飞行甲板上，隐身效果就荡然无存了。

“维斯比”舰另外一大特点是舰体、甲板、上层建筑基本都是由碳纤维增强塑料夹层板制成的。与传统材料相比，这种材料不仅结构坚实，强度可与钢铁相媲美，而且无磁性，有利于降低舰艇产生的磁场，并有良好的抗震性能，因而可执行反水雷任务。此外，碳纤维增强塑料夹层板光滑，有助于取得良好的隐身效果。同时还可以绝热，对舰内各种机械设备产生的红外辐射有较好的屏蔽作用。另外，这种复合材料比重轻，可减轻舰体重量，且不像铜那样容易腐蚀，从而大幅度减少寿命。

“维斯比”舰采用与主、被动声呐结合的先进、完全一体化的C3I系统，是一种实时、模块化的开放式系统。舰中部的作战信息中设有12个多功能操作台，采用WindowsNT操作系统，这在未来采用新技术和新武器时，不需要对C3I系统进行根本性的改动，从而节约经费和时间。

“维斯比”舰采用的是柴燃交替动力装置，双轴喷水推进。高速航行时采用4台TF50A型燃气轮机，功率为21760马力。在进行反潜和猎雷时，采用2台功率为3536马力的MTU16V2000TN90型柴油机，航速不超过17节。2个MA107SBS减速齿轮由辛辛那提公司生产，每个齿轮箱有3轴输入，包括2台燃气轮机和1台柴油机，在燃气轮机工作时，减速齿轮最大持续输出功率为8000千瓦，在使用柴油机时，最大持续输出功率为1300千瓦。舰艏部有侧推器，以提高在港内的机动性。